地震科普知识百问百答

《地震科普知识百问百答》编委会　编

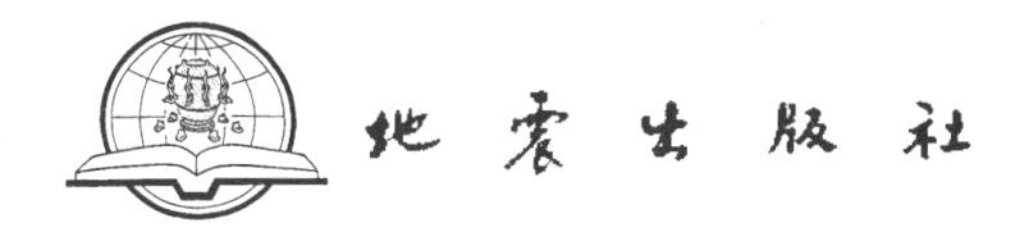

图书在版编目（CIP）数据

地震科普知识百问百答 /《地震科普知识百问百答》编委会编 .
—北京 : 地震出版社， 2015.11（2023.10 重印）
ISBN 978-7-5028-4688-6
Ⅰ . ① 地… Ⅱ . ① 地… Ⅲ . ① 地震—问题解答
Ⅳ . ① P315-44
中国版本图书馆 CIP 数据核字 (2015) 第 245817 号

地震版 XM5648/P(5383)

地震科普知识百问百答

《地震科普知识百问百答》编委会 编
责任编辑：范静泊
责任校对：凌 樱

出版发行：地 震 出 版 社
北京市海淀区民族大学南路 9 号 邮编：100081
发行部：68423031 68467993
总编室：68462709 68423029
E-mail：seis@mailbox.rol.cn.net
http://seismologicalpress.com
经销：全国各地新华书店
印刷：河北文盛印刷有限公司

版（印）次：2015 年 11 月第一版 2023 年 10 月第二次印刷
开本：635×965 1/16
字数：89 千字
印张：3
书号：ISBN 978-7-5028-4688-6
定价：18.00 元

目　　录
Contents

第五章

附录

第一章
了解我们的家园——地球

问：地球在太阳系中的位置是怎样的？

答：从太空望去，有一颗美丽的蓝色星球，这就是我们的家园——地球。

地球是太阳系八大行星之一，按离太阳由近及远的次序排为第三颗。

它有一个天然卫星——月球，二者组成一个天体系统——地月系统。

2

问：地月运动对我们的地球有什么影响？

答：太阳和太阳系中的其他行星都会与地球发生相互作用力，但是它们距离地球太遥远，相互作用力相对较小。

月球离地球很近，平均距离只有 384400 千米，对地球的吸引力相对较大。潮汐就是地月相互作用力的最好体现。

3

问：为什么说地球就像个大号鸡蛋？

答：鸡蛋分为蛋壳、蛋清和蛋黄三层。实际上，地球的构造总体上来说与鸡蛋的组成相似：

地球最外面的“蛋壳”我们称之为地壳，也就是我们脚踩的大地；地球的“蛋清”是地质学中的地幔，它滚烫黏稠，仿佛融化了的巧克力；地球的“蛋黄”就是地核，它被地壳和地幔包裹在最里面，分为内核与外核。

4

问：组成地壳的岩石圈是由哪几种岩石组成的？

答：组成地壳的岩石圈主要有三种岩石组成：

岩浆岩　它是地球上最原始的岩石，是地幔中的岩浆从地壳中流出后冷却、凝固而形成的。它约占地壳总体积的65%。

沉积岩　岩浆岩形成后，由于长期的风吹日晒，岩浆岩会逐渐风化、剥落，并形成岩石碎屑。这些岩石碎屑经长期的搬运、沉积、成岩作用，质地逐渐变得非常紧密，就形成了沉积岩。沉积岩中所含有的矿产，占世界全部矿产蕴藏量的80%。

变质岩　它是随着时间的流逝，受到地球内部力量（温度、压力、应力的变化、化学成分等）改造而成的新型岩石。固态的岩石在地球内部的压力和温度作用下，发生物质成分的迁移和重结晶，形成新的矿物组合。如普通石灰石由于重结晶变成大理石。

5

问：坚硬的地壳是静止不动的吗？

答： 实际上看似坚硬的地壳自其形成至今从来没有停止过运动，所有板块都漂浮在具有流动性的地幔软流层之上。

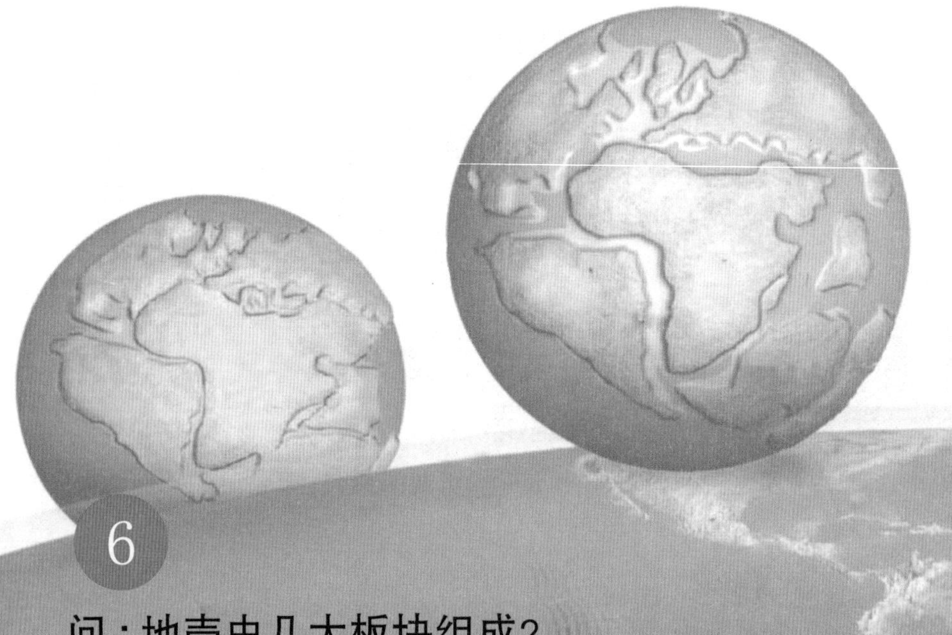

6

问：地壳由几大板块组成？

答： 1968 年法国地质学家萨维尔 · 勒皮雄提出了著名的“板块构造论”的综合模型。此模型将全球地壳划分为六大板块：太平洋板块、亚欧板块、非洲板块、美洲板块、印度洋板块（包括大洋洲）和南极洲板块。其中除太平洋板块几乎全为海洋外，其余五个板块既包括大陆又包括海洋。

问：地壳板块运动形式有哪些？

答：地壳板块的运动形式可分为水平运动和垂直运动。

水平运动指组成地壳的岩层，沿平行于地球表面方向的

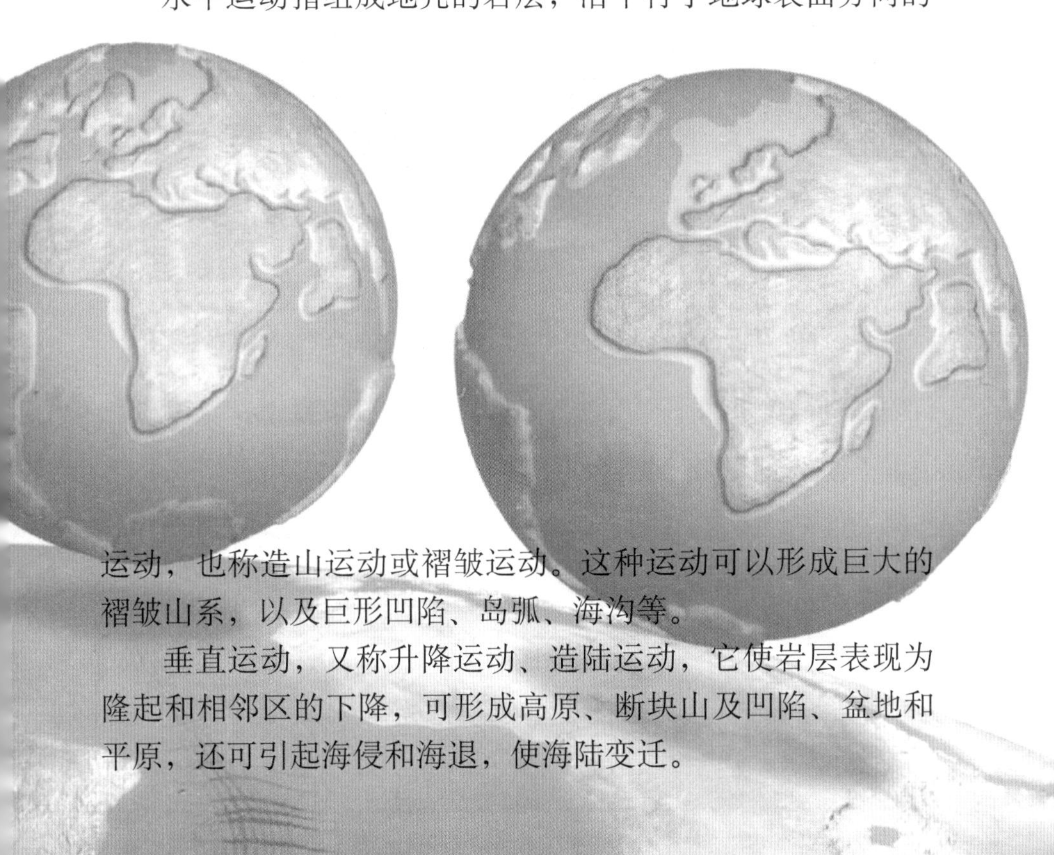

运动，也称造山运动或褶皱运动。这种运动可以形成巨大的褶皱山系，以及巨形凹陷、岛弧、海沟等。

垂直运动，又称升降运动、造陆运动，它使岩层表现为隆起和相邻区的下降，可形成高原、断块山及凹陷、盆地和平原，还可引起海侵和海退，使海陆变迁。

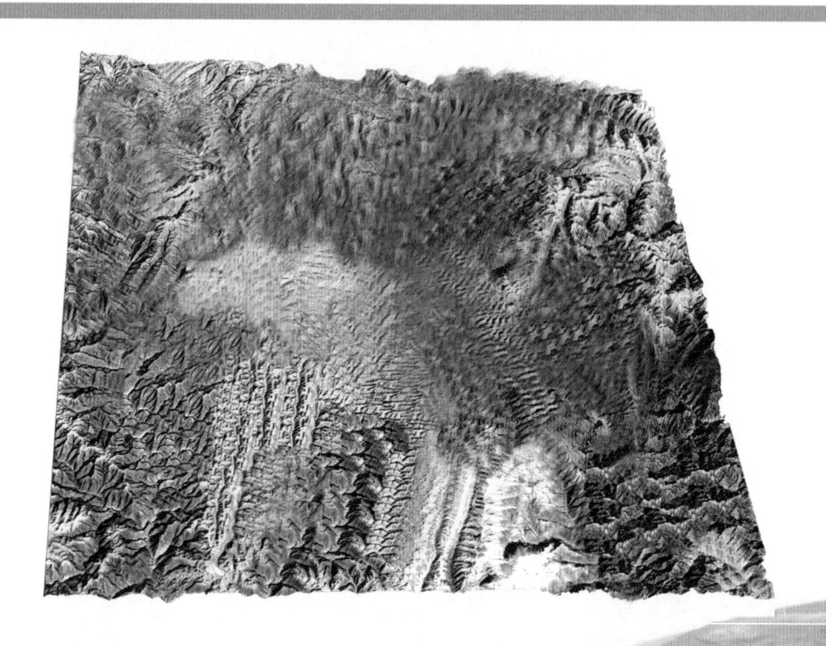

8

问：哪些地质地貌记录了地壳运动的历史（褶皱和断层）？

答：实际上，我们现在看见的所有地质地貌都是地壳运动产生的。我们所看到的祖国的壮丽山川大部分是由褶皱山和断层山组成的。褶皱山是两个板块相互推挤，地壳弯曲变形抬升，形成山脉，这种地形分布广泛，如我国的喜马拉雅山脉、横断山脉等；断层山是地球板块互相碰撞，使地壳出现断层或裂缝，巨大岩块受挤上升而形成的山脉。

第二章
地震并不可怕——认识地震

9

问：什么是地震？

答： 地震又称地动、地振动，是地壳快速释放能量过程中造成振动，期间产生地震波的一种自然现象。地球上板块与板块之间相互挤压碰撞，造成板块边沿及板块内部产生错动和破裂，是引起地面震动（即地震）的主要原因。地震根据震动性质不同可分为三类：

天然地震：自然界发生的地震现象；

人工地震：由爆破、核试验等人为因素引起的地面震动；

脉动：由于大气活动、海浪冲击等原因引起的地球表层的经常性微动。

狭义而言，人们平时所说的地震是指能够形成灾害的天然地震。

11

问：什么是震源？

答： 地球内部直接产生破裂的地方称为震源。它是一个区域，但研究地震时常把它看成一个点。

10

问：地震的类型有哪几种？

答：天然地震按成因不同主要有四种类型：

构造地震：由地下深处岩层错动、破裂所造成的地震。这类地震发生的次数最多，约占全球地震数的 90%以上，破坏力也最大。

火山地震：由于火山作用，如岩浆活动、气体爆炸等引起的地震。它的影响范围一般较小，发生得较少，约占全球地震数的 7%。

陷落地震：由于地层陷落引起的地震。例如，当地下岩洞或矿山采空区支撑不住顶部的压力时，就会塌陷引起地震。这类地震更少，大约不到全球地震数的 3%，引起的破坏也较小。

诱发地震：在特定的地区因某种地壳外界因素诱发（如陨石坠落、水库蓄水、深井注水）而引起的地震。

12

问：什么是震中？

答：地面上正对着震源的那一点称为震中，它实际上也是一个区域。

根据地震仪记录测定的震中称为微观震中，用经纬度表示；根据地震宏观调查所确定的震中称为宏观震中，它是极震区（震中附近破坏最严重的地区）的几何中心，也用经纬度表示。由于方法不同，宏观震中与微观震中往往并不重合。1900 年以前没有仪器记录时，地震的震中位置都是按破坏范围而确定的宏观震中。

13

问：什么是震源深度？

答：从震源到地面的距离叫震源深度。震源深度在60千米以内的地震称为浅源地震，震源深度超过300千米的地震称为深源地震，震源深度为60—300千米的地震称为中源地震。同样强度的地震，震源越浅，所造成的影响或破坏越大。我国绝大多数地震为浅源地震。

14

问：什么是震级？

答：震级是指地震的大小，是表征地震强弱的量度，以地震仪测定的每次地震活动释放的能量多少来确定。震级通常用字母 M 表示。我国目前使用的震级标准，是国际上通用的里氏分级表，共分9个等级。

震级通常是通过地震仪记录到的地面运动的振动幅度来测定的。由于地震波传播路径、地震台台址条件等的差异，不同台站所测定的震级不尽相同，所以常常取各台的平均值作为一次地震的震级。

地震发生时，距震中较近的台站常会因为仪器记录振幅“出格”而难以确定震级，此时就必须借助更远的台站来测定。所以，地震过后一段时间对震级进行修订是常有的事。

地震释放的能量决定地震震级。震级相差1级，能量相差32倍。目前地球上最大地震的震级为9.5级。

15

问：地震按照震级大小可分成几类？

答：地震按震级大小的划分大致如下：

弱震　震级小于3级。如果震源不是很浅，这种地震人们一般不易觉察。

有感地震　震级大于或等于 3 级、小于或等于 4.5 级。这种地震人们能够感觉到，但一般不会造成破坏。

中强震　震级大于 4.5 级、小于 6 级，属于可造成损坏或破坏的地震，但破坏轻重还与震源深度、震中距等多种因素有关。

强震　震级大于或等于 6 级，是能造成严重破坏的地震。其中震级大于或等于 8 级的又称为巨大地震。

问：怎样观测、记录地震和测定震级?

答：通常是通过记录地面振动的地震仪器观测、记录地震。

世界上最早的观测地震的仪器是我国东汉天文学家张衡于 132 年创造的候风地动仪。近代的地震仪约在 18 世纪 90 年代研制成功，其原理基本相似于候风地动仪。1880—1890 年英国的格林（Gray）、尤因（J.A.Ewing）和米尔恩（J.Miln）在日本研制出首架具科学意义、较为实用的地震仪。随着科学的进步，地震仪器发展很快，类型也多起来。

目前，有按工作频率分类的短周期、中长周期、长周期、超长周期和宽频带等地震仪；有按观测地震强度分类的微震仪、较强地震仪、中强地震仪和强震仪等。地震仪的灵敏度从放大几倍至千倍、万倍、十万倍甚至百万倍不等。周期范围从 0.05 秒到 100 秒左右。地震仪一般由拾振器、放大器、记录器、记时装置、报警装置和电源等组成。地震仪的工作原理是：通过由垂挂在盘架做成的拾振器，拾取地面的水平或垂直振动信息，然后将这种振动信息通过换能器转换成电信号，同时对电信号进行放大，而后由记录装置自动记录出放大后的地震波形，量出地震波形的最大单振幅，将其换算成地动位移，再利用有关公式计算震级。

目前，基本上用数字化的电脑记录和处理地震波，计算震级。

17

问：什么是地震烈度？

答：同样大小的地震，造成的破坏不一定相同；同一次地震，在不同的地方造成的破坏也不一样。为了衡量地震的破坏程

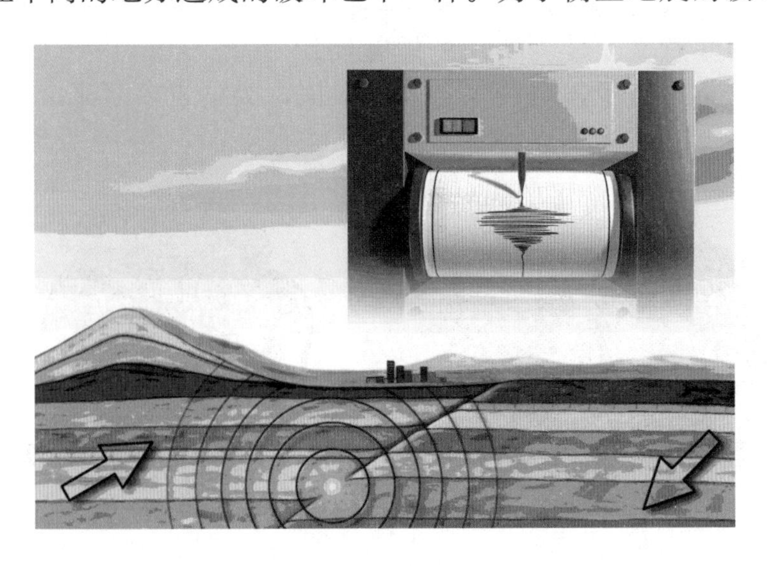

度，科学家又“制作”了另一把“尺子”——地震烈度。在中国地震烈度表上，对人的感觉、一般房屋震害程度和其他现象作了描述，可以作为确定烈度的基本依据。影响烈度的因素有震级、震源深度、距震源的远近、地面状况和地层构造等。

18

问：地震烈度与震级有什么区别？

答：烈度与震级不同。震级反映地震本身的大小，只与地震释放的能量多少有关；而烈度则反映的是地震的后果，一次地震后不同地点烈度不同。打个比方，震级好比一盏灯泡的瓦数，烈度好比某一点受光亮照射的程度，它不仅与灯泡的功率有关，而且与距离的远近有关。因此，一次地震只有一个震级，而烈度则各地不同。

19

问：我国的地震烈度是怎样评定的？

答：我国把烈度划分为十二度，不同烈度的地震，其影响和破坏大体如下：

小于三度，人无感觉，只有仪器才能记录到；

三度，在夜深人静时人有感觉；

四—五度，睡觉的人会惊醒，吊灯摇晃；

六度器皿倾倒，房屋轻微损坏；

七—八度，房屋受到破坏，地面出现裂缝；

九—十度，房屋倒塌，地面破坏严重；

十一—十二度，毁灭性的破坏。

20

问：什么是板间地震和板内地震？

答：发生在板块边界上的地震叫板间地震，环太平洋地震带上绝大多数地震属于此类；发生在板块内部的地震叫板内地震，如欧亚大陆内部（包括我国）的地震多属此类。板内地震除与板块运动有关，还要受局部地质环境的影响，其发震的原因与规律比板间地震更复杂。

21

问：什么是近震和远震？

答：相对某一地区而言，在 1000 千米范围内发生的地震称为近震，远于 1000 千米的地震称为远震。同样强度的地震，近震的破坏程度通常大于远震。

22

问：什么是地震波，它有哪几种类型？

答：地震波是指从震源产生向四周辐射的弹性波，按传播方式可分为三种类型，分别为纵波、横波和面波。

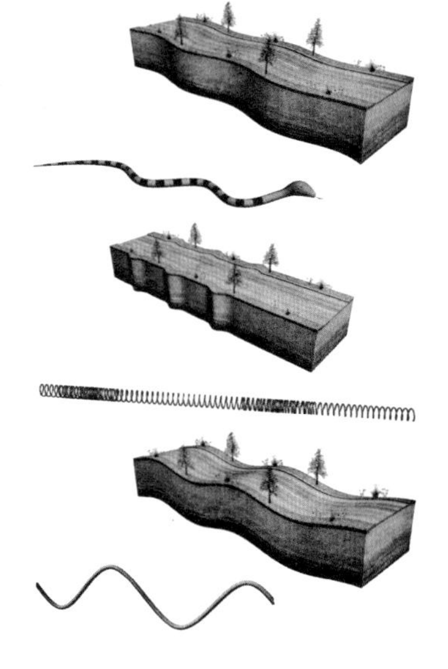

纵波是推进波，在地壳中传播速度为 5.15—7.0 千米／秒，最先到达震中，又称 P 波。它使地面发生上下振动，破坏性较弱。

横波是剪切波，在地壳中的传播速度为 3.2—4.0 千米／秒，第二个到达震中，又称 S 波。它使地面发生前后、左右抖动，破坏性较强。

面波又称 L 波，是由纵波与横波在地表相遇后激发产生的混合波。其波长大、振幅强，只能沿地表面传播，是造成建筑物强烈破坏的主要因素。

23

问：什么是地震带，世界上有几个主要地震带?

答：地震带就是指地震集中分布的地带。地球上主要有三处地震带，分别是环太平洋地震带、欧亚地震带和海岭地震带。

地震带基本上在板块交界处。在地震带内震中密集，在地震带外地震分布零散。地震带常与一定的地震构造相联系。

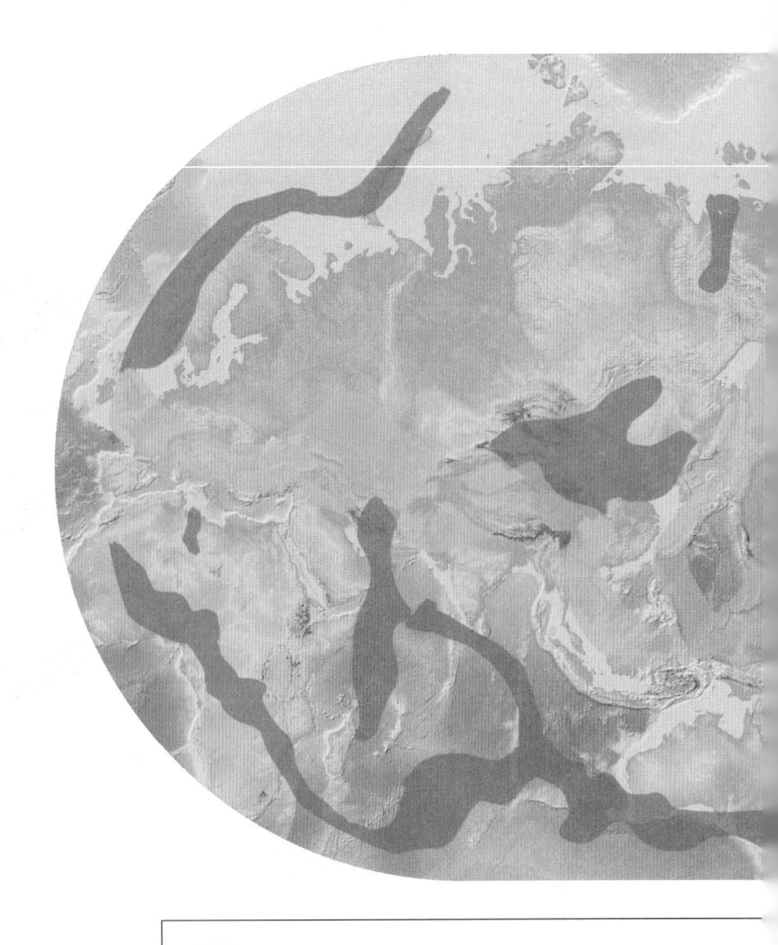

环太平洋火山地震带　地中海-喜马拉雅地震带

24

问：地震是否有周期性？

答： 通过对历史地震和现今地震大量资料的统计，发现地震活动在时间上的分布上是不均匀的：一段时期发生地震较多，震级较大，称为地震活跃期；另一段时期发生地震较少，震级较小，称为地震活动平静期。每个地震活跃期均可能发生多次 7 级以上地震，甚至 8 级左右的巨大地震。

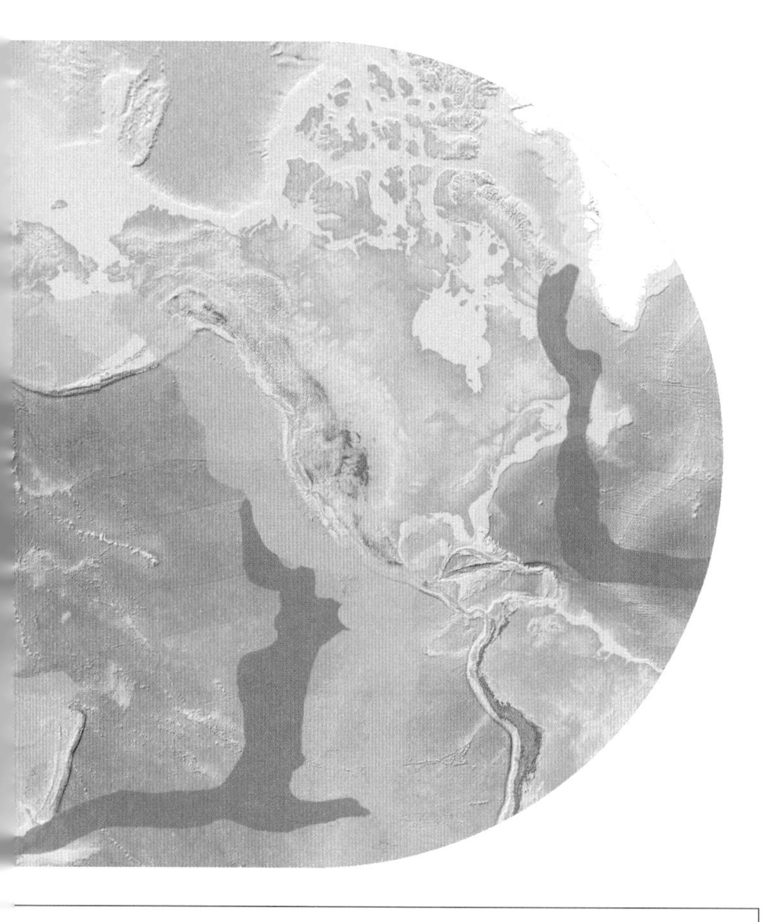

大陆断裂地震带　　大洋海岭地震带

地震活动表现出周期性，活动周期可分为几百年的长周期和几十年的短周期，并且不同地震带活动周期也不尽相同。

25

问：什么是地震序列？有哪些类型？

答：在一定时间内，发生在同一震源区的一系列大小不同的地震，且发震机制具有某种内在联系或有共同的发震构造的一组地震，总称为地震序列。一般指的是按时间排列，一次强震发生前后一定时间内（几天、几个月或几年）发生的大大小小的地震。根据各个地震序列中大小地震的比例关系、能量释放特征等，地震序列可划分为主震型、震群型和孤立型三个类型。

26

问：什么是主震型地震？

答：它是指主震的震级高，很突出，主震释放的能量占全地震序列的 90% 以上的地震，它又分为主震—余震型和前震—主震—余震型两类。

主震型地震的最大特点是主震震级突出，主震和最大前震、 最大余震的震级相差显著。此类地震成为震群型地震。

27

问：什么是震群型地震？

答：它是指有两个以上大小相近的主震，余震十分丰富；主要能量通过多次震级相近的地震释放，最大地震所释放的能量占全序列的 90% 以下；主震震级和最大余震相差 0.7 级以下的地震。1966 年河北邢台地震即属此类。

28

问：什么是孤立型地震？

答：孤立型地震的最大特点是前震和余震少而小，几乎没有，即使有也与主震震级相差极大。例如，1983 年 11 月 7 日山东菏泽 5.9 级地震即属于此类，它的最大余震只有 3 级左右。

29

问：什么是城市直下型地震？

答：城市直下型地震即震源位置位于城市下部的地震，会受到来自周边地震的影响。此类地震会对大城市造成直接威胁，所造成的人员伤亡、社会功能的损坏、经济损失都大大超过非城市直下型地震。城市直下型地震发生后，人口伤亡大，经济损失巨大，甚至使现代化的城市毁于一旦。最典型的城市直下型地震是 1976 年的河北唐山大地震。

30

问：地震有哪些前兆？

答：地震前兆指地震发生前出现的异常现象。岩体在地应力作用下，在应力应变逐渐积累、加强的过程中，会引起震源及附近物质发生如地震活动、地表的明显变化，以及地磁、地电、重力等地球物理异常，以及地下水位、水化学、动物的异常行为等。概括性地称这些与地震孕育、发生有关联的异常变化现象为地震前兆（也称地震异常），包括地震微观异常和地震宏观异常。

人的感官能够直接感觉到的地震异常现象为地震宏观异常。地震宏观异常的形式多样且复杂，包括地下水异常、生物异常、地声异常、地光异常、电磁异常、气象异常等。

人的感官无法觉察，只有通过专门仪器才能测量的地震异常现象称为地震微观异常，包括地壳形变异常、地电异常、电磁波异常、水化学异常等。

问：什么是地震的直接灾害？

答：地震的直接灾害是地震灾害的主要组成部分，它是指由地震的原生现象，如地震断层错动，大范围地面倾斜、升降和变形，以及地震波引起的地面震动等所造成的直接后果。包括：

——建筑物和构筑物的破坏或倒塌；

——地面破坏，如地裂缝、地基沉陷、喷水冒砂等；

——山体等自然物的破坏，如山崩、滑坡、泥石流等；

——水体的振荡，如海啸、湖震等；

——其他，如地光烧伤人畜等。

以上破坏是造成震后人员伤亡、生命线工程毁坏、社会经济受损等灾害后果最直接、最重要的原因。

32

问：什么是地震的次生灾害？

答：地震打破了自然界原有的平衡状态或社会正常秩序从而导致的灾害，称为地震的次生灾害。地震引起的火灾、水灾，有毒容器破坏后毒气、毒液或放射性物质等泄漏造成的灾害，等等，都是地震次生灾害。

地震还会引发种种社会性灾害，如瘟疫与饥荒。随着社会经济技术的发展，新的继发性灾害会涌现出来，如通信事故、计算机事故等。这些灾害是否发生或灾害大小，往往与社会条件有密切的关系。

33

问：地震火灾是怎样引起的？

答：地震火灾多因房屋倒塌后火源失控引起。由于震后消防系统受损，社会秩序混乱，火势不易得到有效控制，因而往往酿成大灾。例如，1923 年 9 月 1 日的日本关东地震发生在中午人们做饭之时，加之城内民居多为木质构造，震后立即引燃大火。而震裂的煤气管道和油库开裂溢出大量燃油，更助长了火势蔓延。由于消防设施瘫痪，大火竟燃烧了数天之久，烧毁房屋 44 万多座，造成 10 多万人死于地震火灾。

34

问：地震水灾是怎样引起的？

答：地震引起水库、江湖决堤，或山体崩塌堵塞河道造成水体溢出，都可能造成地震水灾。例如，1786 年 6 月 1 日，我国四川省康定南发生 7.5 级地震，大渡河沿岸出现大规模山崩，引起河流壅塞，形成堰塞湖；断流 10 日后，河道溃决，数十丈高的洪水汹涌而下，造成严重水患。

35

问：震后疫病为什么容易流行?

答： 强烈地震发生后，灾区水源、供水系统等遭到破坏或受到污染，灾区生活环境严重恶化，极易造成疫病流行。社会条件的优劣与灾后疫病是否流行，关系极为密切。

36

问：地震海啸是怎样形成的?

答： 由深海地震引起的海啸称为地震海啸。地震时海底地层发生断裂，部分地层出现猛烈上升或下沉，造成从海底到海面的整个水层发生剧烈抖动，这就是地震海啸。海啸形成后，大约以每小时数百千米的速度向四周海域传播，一旦进入大陆架，由于海水深度急剧变浅，使波浪高度骤然增加，有时可达二三十米，从而对沿海地区造成严重灾难。

37

问：全球每年发生多少次地震?

答： 地球上每年约发生 500 万次地震，也就是说，每天发生上万次地震。不过，绝大多数地震震级太小或离我们太远，人们感觉不到。真正能对人类造成严重危害的地震，全世界每年大约有一二十次；能造成唐山、汶川这样特别严重灾害的地震，每年大约一两次。

人们感觉不到的地震，须用地震仪才能记录下来；不同类型的地震仪能记录不同强度、不同远近的地震。目前世界上运转着数以千计的各种地震仪器，日夜监测着地震的动向。

38

问：进入 21 世纪以来，世界各国发生了哪几次大地震？

答：2011 年 3 月 11 日，日本发生 9.0 级地震，并引发海啸与核泄漏爆炸。

2010 年 10 月 25 日，印尼苏门答腊岛发生 7.2 级地震。10 分钟后，该地区又相继发生了 5.5 级和 5.0 级两次余震，并引发海啸。

2010 年 4 月 14 日，中国青海省玉树藏族自治州玉树县发生 7.1 级地震。

2010 年 2 月 27 日，智利发生 8.8 级地震。

2010 年 1 月 12 日，海地发生 7.3 级地震，震中距离首都太子港约 16 千米，震源深度 8 千米，是海地 200 年来最强的一次地震。地震造成 10 多万人遇难。

2009 年 9 月 30 日，南太平洋岛国萨摩亚和美属萨摩亚群岛附近海域发生 8.0 级地震并引发海啸。

2009 年 9 月 2 日，印尼西爪哇省发生 7.3 级地震。

2009 年 4 月 6 日，意大利中部发生 6.3 级强震。

2008 年 6 月 14 日，日本东北地区发生 7.2 级地震。

2008 年 5 月 12 日，中国四川汶川发生 8.0 级地震，8 万人遇难。

2007 年 9 月 12 日，印度尼西亚苏门答腊岛西部海域发生 7.9 级地震。

2007 年 8 月 15 日，秘鲁发生 8.0 级地震。

2007 年 7 月 16 日，日本中部地区发生 6.8 级地震。

2007 年 1 月 13 日，日本千岛群岛发生 8.3 级地震。

2006 年 7 月 17 日下午，印尼爪哇岛附近发生 7.2 级地震，引起周边海域海啸。

2006 年 5 月 27 日，印尼中爪哇省日惹市附近发生 6.2 级地震。

2005 年 10 月 8 日，南亚次大陆北部发生 7.6 级地震。

2005 年 3 月 28 日，印尼西部海域发生 8.7 级地震。

2004 年 12 月 26 日，印度洋发生 8.9 级地震，并引发海啸，造成 23 万多人遇难失踪。

2003 年 12 月 26 日，伊朗南部发生 6.3 级地震，死亡人数超过 5 万。

张衡地动仪
Zhang Heng's Seismograph
地动仪是中国古代杰出的科学家张衡创制的，是世界上第一台测定地震的仪器，它的出现比欧洲的同类装置早1700多年。它以都柱和杠杆机械为主的结构模式，仍成为现代地震仪设计中的基本元素。
The seismograph was invented by Zhang Heng, an outstanding Chinese scientist in ancient times. It is the first instrument for automatically detecting and recording earth-quakes. It was 1,700 years earlier than similar ones in Europe. Its structure mainly consists of columns and lever assembly. It is still a basic element in the modern seismograph

第三章
我国的地震灾害及预报

39

问：为什么说我国是多地震的国家（中国是世界上遭受地震灾害最严重的国家，其主要原因是什么）?

答：地震作为一种自然现象本身并不是灾害，但当它达到一定强度，发生在有人类生存的空间，且人们对它没有足够的抵御能力时，便可造成灾害。地震越强，人口越密，抗御能力越低，灾害越重。

我国恰恰在以上三方面都十分不利。首先，在我国，地震频繁，强度大，而且绝大多数是发生在大陆地区的浅源地震，震源深度大多只有十几至几十千米。其次，我国许多人口稠密地区，如台湾、福建、四川、云南等，都处于地震的多发地区，约有一半城市处于地震多发区或强震波及区，地震造成的人员伤亡十分惨重。再次，我国经济不够发达，广大农村和相当一部分城镇建筑物质量不高，抗震性能差，抗御地震的能力低。所以，我国地震灾害十分严重。

问：我国的主要地震带有哪些?

答：我国位于世界两大地震带——环太平洋地震带与欧亚地震带之间，受太平洋板块、印度板块和菲律宾海板块的挤压，地震断裂带十分活跃。主要地震带有：郯城—庐江带，即从安徽庐江经山东的郯城至东北一带；燕山—渤海带；汾渭地震带；喜马拉雅山地震带；东南沿海地震带；河北平原地震带；祁连山地震带；昆仑山地震带；南北地震带；台湾地震带；南天山地震带；北天山地震带。

问：我国历史上发生过哪些8级以上的大地震?

答：据1988年版《中国地震简目》(B.C.780—A.D.1986，$M\geqslant 4.7$)

及最近的地震活动情况统计，我国发生了 8 级以上地震 21 次（如下表）。

中国 $M \geqslant 8.0$ 级地震目录

地震时间 年 月 日	震中位置			震级
	北纬 / 度	东经 / 度	地　区	
1303 － 09 － 17	36.3	111.7	山西洪洞、赵城	8
1411 － 09 － 29	29.7	90.2	西藏当雄	8
1556 － 01 － 23	34.5	109.7	陕西华县	8
1604 － 12 － 29	25.0	119.5	福建泉州海外	8
1654 － 07 － 21	34.3	105.5	甘肃天水南	8
1668 － 07 － 25	34.8	118.5	山东郯城	8.5
1679 － 09 － 02	40.0	117.0	河北三河－平谷	8
1739 － 01 － 03	38.8	106.5	宁夏平罗－银川	8
1812 － 03 － 08	43.7	83.5	新疆尼勒克东	8
1833 － 08 － 26	28.3	85.5	西藏聂拉木	8
1833 － 09 － 06	25.0	103.0	云南嵩明杨林	8
1879 － 07 － 01	33.2	104.7	甘肃武都南	8
1902 － 08 － 22	39.9	76.2	新疆阿图什附近	8.3
1920 － 06 － 05	23.5	122.7	台湾花莲东南海	8.0
1920 － 12 － 16	36.7	104.9	宁夏海原	8.5
1927 － 05 － 23	37.7	102.2	甘肃古浪	8.0
1931 － 08 － 11	47.1	89.8	新疆富蕴附近	8.0
1950 － 08 － 15	28.4	96.7	西藏察隅墨脱间	8.6
1951 － 11 － 18	31.1	91.4	西藏当雄西北	8.0
1972 － 01 － 25	22.6	122.3	台湾炎烧岛东海	8.0
2008 － 05 － 12	31.0	103.4	四川汶川	8.0

问：我国历史上波及范围最广的地震是哪次？

答：我国历史上波及范围最广的地震是 1920 年 12 月 16 日发生在宁夏海原（北纬 36.5 度、东经 105.7 度）的 8.5 级巨大地震。该次地震震中烈度为Ⅻ度，震源深度为 17 千米。有感面积达 251 万平方千米（约占我国面积 1/4 强），波及宁夏、青海、甘肃、陕西、内蒙古、山西、河南、河北、北京、天津、山东、四川、湖北、安徽、江苏、上海、福建等 17 个省、市、自治区。

43

问：为什么我国西部是世界上大陆地震最活跃、最强烈和最集中的地区？

答：我国西部处在地壳强烈活动的背景条件下，构造活动最强烈的地区，位于印度板块与欧亚板块碰撞和中东部向西部推挤（即环太平洋板块向西俯冲和地球自转产生的推挤作用及菲律宾海板块向西运动）的特殊构造部位。

在青藏高原和天山地区，规模、运动幅度巨大的全新世活动断裂十分发育，这些活动断裂大部分是可能导致地震发生的正走滑、逆走滑或逆冲性质的新断裂。青藏高原南北周缘和天山地区的活动断裂，晚更新世以来的平均滑动速率分别为 56 毫米／年、10—14 毫米／年和 1.5—5 毫米／年，均属现今活动强烈的断裂，所以表现为地震活动水平高和强度大，且地震活动间隔时间比东部短得多。青藏高原南部、天山地区的地震活动周期分别为几十年和 100 年左右。而东部地区为 200 年左右。

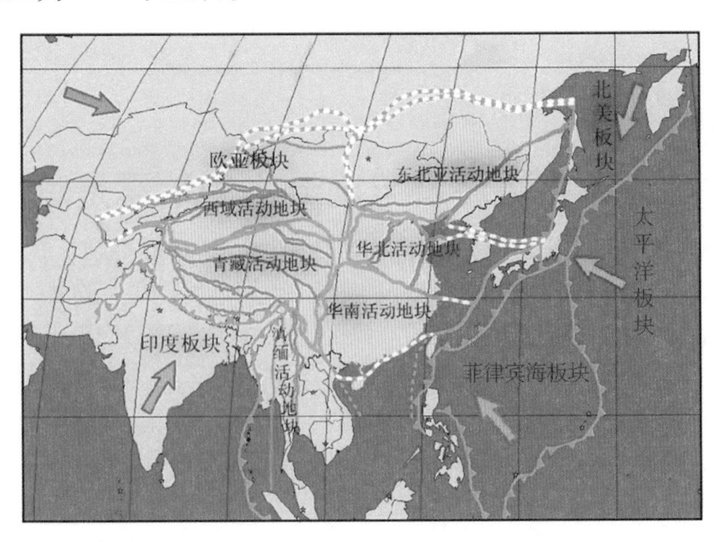

44

问：海源地震的灾害如何？

答：1920 年 12 月 16 日，中国宁夏南部海原县和固原县（当时属甘肃省管辖）一带发生 8.5 级特大地震，震中位于海原县县城以西哨马营和大沟门之间，地震共造成 28.82 万人死亡，约 30 万人受伤。这是中国有地震记载中最高烈度的地震，也是人类有史以来最高烈度的地震。全球 96 个地震监察局记录到此次地震，余震维持了三年时间左右。据 1949 年以后调查，地表断裂带从固原硝河至海原县李俊堡开始向西北发展，经肖家湾、西安州和干盐池至景泰，全长 220 千米。此震为典型的板块内部大地震，重复期长。

问：邢台地震的灾害如何？

答：邢台地震由两个大地震组成：

1966 年 3 月 8 日，河北省邢台专区隆尧县发生 6.8 级地震，震中烈度Ⅸ度。

1966 年 3 月 22 日，河北省邢台专区宁晋县发生 7.2 级地震，震中烈度Ⅹ度。

两次地震共死亡 8064 人，伤 38000 人，经济损失约 10 亿元。这是一次久旱之后的大震。地震发生后，漫天飘雪。

问：唐山地震的灾害如何？

答：1976 年 7 月 28 日，中国河北省唐山、丰南一带发生 7.8 级地震，震中烈度Ⅺ度，震源深度 23 千米。地震持续约 12 秒，有感范围广达 14 个省、市、自治区，其中北京市和天津市受到严重波及。强震产生的能量相当于 400 颗广岛原子弹爆炸。整个唐山市顷刻间夷为平地，全市交通、通讯、供水、供电中断。唐山地震没有小规模前震，而且发生于凌晨人们熟睡之时，使得绝大部分人毫无防备，造成 24 万多人死亡，重伤 16.4 万人，名列 20 世纪世界地震史死亡人数第三，仅次于海原地震。

问：汶川地震的灾害如何？

答：2008 年 5 月 12 日 14 时 28 分 04 秒，四川省阿坝藏族羌族自治州汶川县发生 8.0 级地震，地震造成 69227 人遇难，374643 人受伤，17923 人失踪。

汶川地震，也称 2008 年四川大地震，发生于北京时间 2008 年 5 月 12 日（星期一）14 时 28 分 04 秒，震中位于中国四川省阿坝藏族羌族自治州汶川县映秀镇与漩口镇交界处、四川省省会成都市西北偏西方向 92 千米处。根据中国地震局的数据，此次地震的面波震级达 8.0M_S、矩震级达 8.3M_W（根据美国地质调查局的数据，矩震级为 7.9M_W），破坏地区超过 10 万平方千米。地震烈度可能达到Ⅺ度。地震波及大半个中国及亚洲多个国家和地区。北至辽宁，东至上海，南至

香港、澳门、泰国、越南，西至巴基斯坦均有震感。

截至 2008 年 9 月 18 日 12 时，汶川大地震共造成 69227 人死亡，374643 人受伤，17923 人失踪。是中华人民共和国成立以来破坏力最大的地震，也是唐山大地震后伤亡人数最惨重的一次。

问：玉树地震的灾害如何？

答：2010 年 4 月 14 日上午，青海省玉树藏族自治州玉树县发生两次地震，最高震级 7.1 级，地震震中位于县城附近。截至 201034 年 5 月 30 日 18 时，经青海省民政厅、公安厅和玉树州政府按相关程序规定核准，玉树地震已造成 2698 人遇难，其中已确认身份 2687 人，无名尸体 11 具，失踪 270 人。

问：雅安地震的灾害如何？

答：2013 年 4 月 20 日上午，四川省雅安市芦山县发生 7.0 级地震。震源深度 13 千米，受灾人口 152 万，受灾面积 12500 平方千米。截至 24 日 14 时 30 分，地震共计造成近 200 人死亡，失踪 21 人，11470 人受伤。

50

问：地震能预报吗？

答：地震预报是世界公认的科学难题，在国内外都尚处于探索阶段，大约从 20 世纪五六十年代才开始进行研究。我国地震预报的全面研究起步于 1966 年河北邢台地震，经过 40 多年努力，取得了一定进展，曾经不同程度地预报过一些破坏性地震。

但是实践表明，目前所观测到的各种可能与地震有关的现象，都呈现出极大的不确定性；所做出的预报，特别是短临预报，主要是经验性的。

51

问：我国地震监测预报的水平和现状如何？

答：我国的地震监测预报工作居世界先进行列，曾比较成功地预报了1975年2月4日海城7.3级、1976年5月29日云南龙陵—潞西7.5级、1976年8月16日四川松潘—平武7.3级、1971年3月23、24日新疆乌恰两次6.3级地震等。尤其是对海城大震做出的短临预报，被公认为是世界上前所未有的先例而载入世界史册。然而，地震孕育发生的规律还没有被人类完全掌握，当前的预报仍处于根据多年的观测资料和震例而做出的经验性预报阶段。因此，我国的地震预报水平和状况可概括为：对地震孕育发生的原理、规律有所认识；能对某些类型地震做出一定程度的预报；较长时间尺度的中长期预报的可信度较高；短临预报的成功概率还比较低。

52

问：何为地震预警？

答：地震预警是指在地震发生后，根据观测到的地震波及其信息，快速估计地震参数并预测对周边地区的影响，抢在破坏性地震波到达之前，发布地震强度和到达时间的预警信息。

利用地震预警系统提供的数秒至数十秒预警时间，公众可以采取避震措施减少人员伤亡，重大基础设施和生命线工程可以采取紧急处置措施避免次生灾害，如紧急制动高速列车、及时关闭燃气管线，关闭核反应堆、停止精密仪器运行，等等。

问：地震预警与预报的区别是什么?

答：地震预警并非地震预报，两者不属同一概念。地震预报是对尚未发生但有可能发生的地震事件事先发出通告；而地震预警是指突发性大震已发生、抢在严重灾害尚未形成之前发出警告并采取措施的行动，也称作震时预警。

地震预警的减灾应用

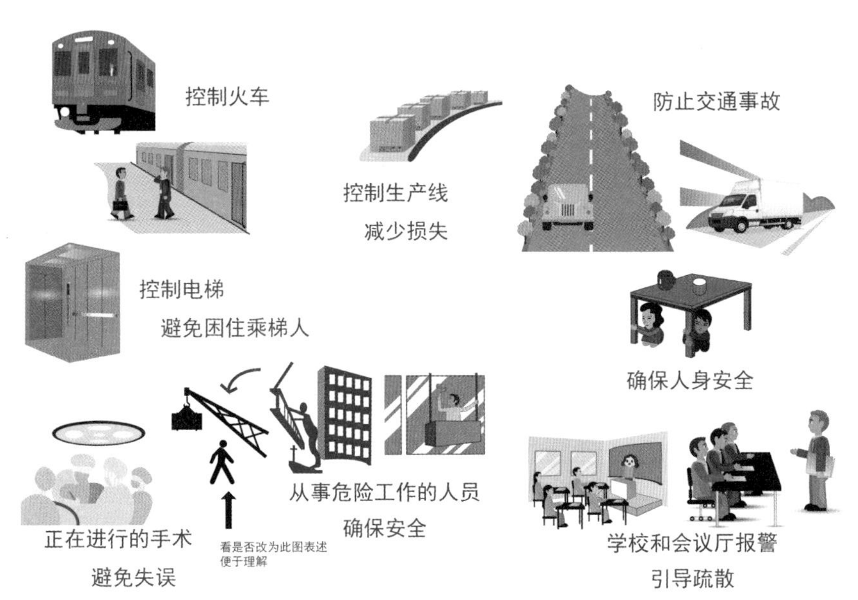

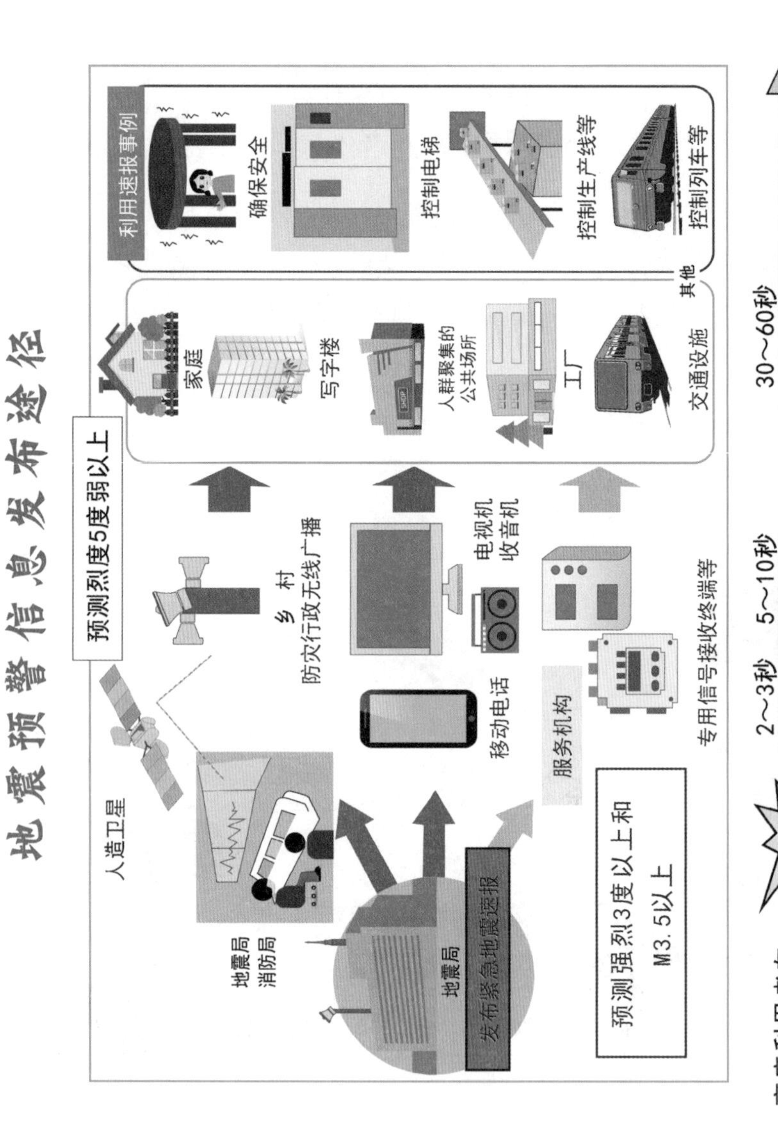

地震预警信息发布途径
人造卫星
预测烈度5度弱以上
地震局
消防局
乡 村
防灾行政无线广播
移动电话
电视机
收音机
服务机构
专用信号接收终端等
地震局
发布紧急地震速报
预测强烈3度以上和
M3.5以上
家庭
写字楼
人群聚集的公共场所
工厂
交通设施
其他
利用速报事例
确保安全
控制电梯
控制生产线等
控制列车等
地震发生
2～3秒
5～10秒
30～60秒
高度利用者向
紧急地震速报

54

问：目前我国的地震预警工作现状如何？

答：中国地震局从 2000 年开展地震预警系统的前期探索工作，在“十五”和“十一五”期间，在国家科技支撑项目支持下全面推荐地震预警系统的研究和示范应用，掌握了地震预警的关键技术，研发了地震预警软件系统，已经具备在国内全面开展地震预警系统试验和建设的基础。

问：地震预警系统发挥作用需具备哪些条件？

答：（1）较高密度的地震监测预警台网；

（2）准确可靠的自动化处理系统；

（3）快速有效的信息发布系统；

（4）安全的法律法规和技术标准体系；

（5）广泛深入地开展科普宣传和相应的预警演练。

56

问：怎样对待地震谣言？

答：①不相信。尽管地震预测尚处于探索阶段，但是地震部门在进行监测研究，政府部门在组织和部署有关防震减灾工作，因此不要相信毫无科学依据的地震谣传。

②不传播。应当相信政府，只要政府知道破坏性地震将要发生，是绝对不会向人民群众隐瞒的。因此如果听到地震谣传，千万不要继续传播。

③及时报告。当听到地震谣传时，要及时向当地政府和地震部门反映，协助地震部门平息谣传。

④如果发现动物、植物或地下水异常，要及时向地震部门报告，不要随意散布地震谣传，地震部门会采取措施及时进行调查核实是否属于地震宏观异常。

57

问：你知道《中华人民共和国防震减灾法》吗？

答：《中华人民共和国防震减灾法》是为了防御和减轻地震灾害、保护人民生命和财产安全、促进经济社会的可持续发展而制定的。该法由第八届全国人民代表大会常务委员会第二十九次会议于1997年12月29日通过，自1998年3月1日起施行。2008年12月27日，《中华人民共和国防震减灾法》由中华人民共和国第十一届全国人民代表大会常务委员会第六次会议修订通过。

中华人民共和国
防震减灾法
（修订版）

柜 台

第四章
地震灾害的预防与避险

58

问：为什么说邢台地震是我国抗震历史上的里程碑？

答：1966 年 3 月 8 日、22 日，河北省邢台地区分别发生 6.8 级和 7.2 级强烈地震。这是新中国成立以来，首例发生在人口稠密地区，造成严重灾害的地震事件。地震使 560 万人受灾，8064 人死亡，38451 人受伤，500 多万间房屋毁坏，周边 9 个省、自治区、直辖市受到不同程度的损失和影响，直接经济损失约 10 亿元。

震后，党中央、国务院极为关切，周恩来总理两次亲临震区慰问受灾群众和指挥抗震救灾工作，提出“以预防为主、实行专群结合，土洋结合的方针，争取用一代或两代的时间，解决地震预报问题”和“虽然地震的规律是国际间都没有解决的问题，我们应发扬独创精神，来努力突破科学难题”的指示。

遵照周总理的指示精神，中国科学院、地质部、石油部、国家测绘局及有关大专院校 30 多个单位，450 多名科技工作者聚集邢台地震区，展开地震烈度、地震害、发震构造及宏观观象的考察，进行地震活动性、重力、地磁、地电、地形变、地下水、地应力及动物习性等各种观测，对余震进行综合监测等科研活动。

自此我国地震科学改变了仅据国民经济建设的要求做烈度区划工作的状况，开始了大规模、有组织、有科学理论指导、有群众参与的地震预报的社会实践和在国际上率先进行的防震减灾事业；中国地震事业进入了全面发展的新阶段，不但明确了预防为主的防震减灾工作方针和地震预报这一主攻目的，而且提出了在国家支援下“自力更生、奋发图强、发展生产、重建家园”的抗震救灾方针，开创了我国防震减灾事业的新篇章。

所以，邢台地震既是我国地震预报工作的起步，也是我国防震减灾蓬勃发展的开端，还是我国地震科学史上的转折点，因而成为我国防震减灾发展史上的里程碑。

问：为什么说地震灾害是可以预防的？

答：地震、地震预报及防震减灾具有强烈的社会性，在尚不能准确预报地震的今天，民众难以理解地震预报的艰巨性、复杂性，绝大多数民众或部分领导部门不知道震前、震时、

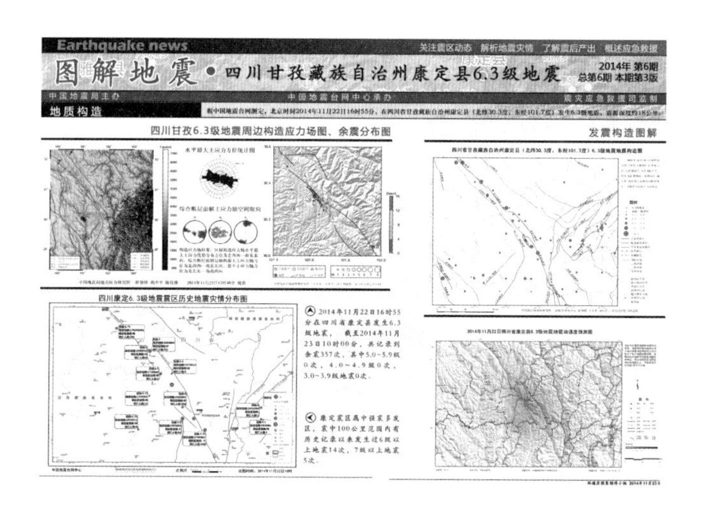

Earthquake news　关注震区动态　解析地震灾情　了解震后产出　概述应急救援

图解地震 • 四川甘孜藏族自治州康定县6.3级地震　2014年 第6期 总第6期 本期第3版

中国地震局主办　中国地震台网中心承办　震灾应急救援司监制

地质构造　据中国地震台网测定，北京时间2014年11月22日16时55分，在四川省甘孜藏族自治州康定县（北纬30.3度，东经101.7度）发生6.3级地震，震源深度约18公里。

四川甘孜6.3级地震周边构造应力场图、余震分布图

发震构造图解

四川康定6.3级地震震区历史地震灾情分布图

2014年11月22日16时55分在四川省康定县发生6.3级地震，截至2014年11月23日10时00分，共记录到余震357次，其中5.0~5.9级0次，4.0~4.9级0次，3.0~3.9级地震0次。

康定震区属中强震多发区，震中100公里范围内有历史记录以来发生过6级以上地震14次，7级以上地震5次。

震后自己应做哪些防震减灾工作；目前，地震书刊大多是专业性很强的专家语言和概念。因此，要使社会各界和广大民众自觉地对地震、地震预报和防震减灾采取正确的社会行动，掌握地震和防震常识，增强地震监测能力和抵御地震的自觉性，增强对地震谣言、谣传的识别和抵制能力，减少地震损失等，必须开展地震知识的普及与宣传工作。防震减灾与地震知识的普及、宣传，可以使各级领导懂得地震灾害的严重性，掌握一定的地震对策常识，震前在思想上、组织上和物质上对防震减灾做好准备，震后立即组织实施救灾对策。所以说，地震知识的普及与宣传是一项带有战略性的、经常性的工作，搞好这项工作可以起到减轻地震灾害的作用。

问：建构物常用的简单加固方法有哪些？

答：（1）墙体的加固：墙体有承重墙和非承重墙两种，加固的方法有拆砖补缝、钢筋拉固、附墙加固等。

（2）楼房和房屋顶盖的加固：一般采用水泥砂浆重新填实、配筋加粗的方法。

（3）建筑物突出部位的加固：如对烟囱、女儿墙、出屋顶的水箱间、楼梯间等部位，采取适当措施设置竖向拉条，拆除不必要的附属物。

问：如何加固已建房屋？

答：对老旧房屋加固建（构）筑物，常用的方法有以下几种：

(1) 墙体的加固：地震时，墙体破坏较多，加固墙体能

有效地防止开裂和歪闪。加固方法有拆砖补缝、钢筋拉固、设置“墙缆”(一头是钢板紧贴在墙外，一头是钢筋穿过墙体，拉紧在屋架上，使山墙与屋架连成一体)、附墙加固(增加附壁柱、扶壁垛)等方法。

(2)楼盖和屋盖的加固：用水泥砂浆重新填实、配筋加厚的方法，对预制板裂缝或破损进行加固；用铁管支顶或砌砖垛方法处理屋顶移动；砖木结构的房屋，可用扒钉加强木屋架与檩条的连结；用垫板加强山墙与檩条的连结，木柱之间加斜撑加固；屋顶倾斜要扶直；糟朽、劈裂的木屋架要增设附梁与附柱。

(3)其他：对烟囱、女儿墙、高门脸、出屋顶的水箱间、楼梯间等突出部分的加固，应采取适当措施设置竖向拉条，同时拆除不必要的附属物。

62

问：家中为什么要做好防震准备？

答：地震发生前多没有征兆，因此，从现在开始在家中进行防震准备相当重要。大家应未雨绸缪，做一些适当的应急储备，并告诉家人在灾难中和灾难之后该做些什么，以便在大地震时逃生，也可以减少地震带来的损失。当灾难发生时，受灾群众很可能在72小时之内得不到任何救助，因此我们至少要学会如何在灾难中撑过72个小时。

63

问：家中平时应做好哪些震灾预防措施？

答：每个家庭都要树立“宁可千日不震，不可一日不防”的震情观念，根据自家的实际情况制订防震避震预案，为震时自救和互救创造条件。比如，对自家住房的抗震能力，周围的环境，室内水、电、煤气等设施的状况，各类物品的存放条件，疏散通道是否畅通等，都要做到心中有数。如果处在已有地震短临预报的地区，还应准备自救必备的物品。

64

问：居室内物品怎样摆放才有利于避震？

答：地震时，室内家具、物品的倾倒、坠落等，常常是致人伤亡的重要原因，因此室内家具、物品的摆放要合理：防止掉落或倾倒伤人、伤物，堵塞通道，有利于形成三角空间以便震时藏身避险，保持对外通道的畅通，便于震时从室内撤离，处置好易燃、易爆物品，防止火灾等次生灾害的发生。

问：怎样防止家居物品震时倾倒或坠落？

答：——把悬挂的物品拿下来或设法固定住；

——高大家具要固定，顶上不要放重物；

——组合家具要连接，固定在墙上或地上；

——橱柜内重的东西放下边，轻的东西放上边；

——储放易碎品的橱柜最好加门、加插销；

——尽量不使用带轮子的家具，以防震时滑移。

问：为什么说卧室的防震措施最重要？

答：地震可能发生在晚上人们睡觉的时候，睡觉时人对地震的警觉力最差，从卧室撤往室外的路线较长，因此按防震要求布置卧室至关重要。卧室可作如下布置：

——床要摆放在坚固、承重的内墙边，避开外墙、窗口和房梁；

——床上方不要悬挂吊灯、镜框等重物；

——床要牢固，最好不使用带有轮子的床；

——床下不要堆放杂物；

——可能时，给床安一个抗震架。

问：怎样在室内预备好避震的场所和通道？

答：（1）应准备的避震场所：

——将坚固的写字台、床或低矮的家具下腾空；

——把结实家具旁边的内墙角空出来；
——有条件的可按防震要求布置一间抗震房。

（2）保持室内外通道的畅通：
——室内家具不要摆放太满；
——房门口、内外走廊上不要堆放杂物。

68

问：家中有哪些地震安全隐患？

答：一些可能的隐患有：

＊在地震中可能倒塌的又高又重的家具，如书架、瓷器柜，或定制的组合柜。应当设法固定在墙壁上。

＊可能会从管道上脱离并碎裂的热水器。

＊可能发生移动，扯坏煤气管道或电线的物品。

＊悬挂在高处较重的盆载植物，有可能脱钩坠落。

＊挂在床铺上方较重的相框或镜子，有可能在地震中坠落。

＊橱柜或别的柜子剧烈晃动时，柜子的插销可能松动打开。

＊放置在高处开放式储物架上的易碎品或重物可能坠落摔碎。

＊石制烟囱可能压垮无支撑的房顶并崩塌。

＊易燃液体如油漆及清洁剂，应储存于车库或室外储物室中（而不是室内）。

这些隐患非常危险，在平时应设法逐个排除这些隐患，妥善安置各种重物，把不妥的重物重新放置。

69

问：家中应常备哪些地震应急物品?

答：（1）水。

每人每天至少需储备水 3.8 升，并以此标准一次备够 72 小时之用。一般情况下，一个健康正常的人，光饮用，每天就需要消耗 1.9 升水。

为了保证足够的量，应考虑以下因素：

个体需求量因年龄、体质、活动量、饮食、气候等有差异。

儿童、哺乳期妇女、病人需水量更大。

高温天气会使需水量成倍增加。

医疗紧急情况会需要更多的水。

建议你购买一些瓶装水。不要拆开瓶装水的原包装，在必须使用之前不要打开。另外，注意保质期或者最晚饮用日期。

如果你准备用自己的容器装水，你应该从军用品或野营用品专卖店购买那种不漏气的、专门储存食品的盛水容器。在装水之前，要用餐具用洗涤剂和水清洗容器，并用水冲净，以免洗涤剂残留。

容器内的水必须每 6 个月更换一次。除了水之外，还需要一些净化用的药片，比如高碘甘氨酸。但在使用这些药片之前，一定要先看看瓶子上的标签。（注：请向专业人士或医护人员咨询上述药品的使用！）

（2）食品。

家中应经常备一些不易腐坏的食品以便随时食用。并定期更换、补充储备。

可以准备够 72 小时之用的听装食品或脱水食品、奶粉，以及听装果汁。干麦片、水果和无盐干果是很好的营养源。请注意以下几点：

不要选择那些让

你容易口渴的食品。选择无盐饼干、全麦麦片和富含流质的罐装食品较好。

只储备无需冷藏、烹饪或特殊处理的食品。类似食品可供选择的有很多。

别忘了食品中应包括婴儿和特殊饮食需要者的食品。你还应该准备一些厨房用具和炊具，尤其是手动开罐器。

（3）应急灯和备用电池。

在你的床边或经常活动的地点要放一盏应急灯。不要在地震后使用火柴或蜡烛，除非你能确定没有燃气泄漏。

（4）便携式电池供电收音机或电视机以及备用电池。

大多数电话将会无法使用或只能供紧急用途，所以收音机将会是你最好的信息来源。如有可能，你还应当准备电池供电的无线对讲机。

（5）急救箱和急救手册。

在家里准备一个急救箱。你和你的家人还应学习一些基本的急救和人工呼吸知识。

（6）灭火器。

每个家庭都要配备灭火器。一些灭火器仅适用于特定的火源——电引发的火灾，油脂引发的火灾，或者煤气引发的火灾，等等。ABC（多用途干粉）灭火器可安全使用于任何种类的火源。当地消防部门可以教你如何正确地使用灭火器。

（7）重要的文件和现金。

确保在自动取款机、银行和信用卡系统瘫痪时，有足够的现金可用。同时，保留一些信用证明、身份证和一些重要文件的复印件。

（8）工具。

除了准备一个管钳和一个可调扳手（用来关闭气阀和水管），你要准备一个打火机，一盒装在防水盒子里的火柴和一个用来呼叫援救人员的哨子。

（9）衣服。

如果你所处的地区天气寒冷，必须考虑到保暖。地震过后可能无法取暖，要考虑到一整套换洗衣服和鞋子及睡觉用品，这包括给自己和家人都准备：

●茄克衫或外衣
●长裤
●长袖衫
●结实的鞋
●帽子，手套和围巾
●睡袋或毛毯（每人一件）

（10）宠物用品。

如果家中豢养宠物，需要为宠物也准备好食物、饮水、宠物笼和一条皮带。

70

问：避震时必须把握哪些原则？

答：震时，每个人的处境千差万别，避震方式不可能千篇一律。例如，是跑出室外还是在室内避震，就要看客观条件：住平房还是楼房，地震发生在白天还是晚上，房子是不是坚固，室内有没有避震空间，室外是否安全，等等。

要行动果断，不要犹豫不决。避震能否成功，就在千钧一发之间，容不得瞻前顾后、犹豫不决。有的人跑出危房后又转身回去救人，结果自己也被埋压。记住，只有保存自己，才有可能救助别人。

在公共场所要听从指挥，不要擅自行动。擅自行动，盲目避震，只能遭致更大不幸。

71

问：什么是室内的避震空间？

答：由于预警时间短暂，室内避震更具有现实性。而室内房屋倒塌后所形成的三角空间，往往是人们得以幸存的相对安全地点，可称之为避震空间。这主要是指大块倒塌体与支撑物构成的空间。

室内易于形成避震空间的地方包括：

——炕沿下，结实牢固的家具附近；

——内墙（特别是承重墙）墙根、墙角；

——厨房、厕所、储藏室等开间小、有管道支撑的地方。

室内最不利避震的场所包括：

——附近没有支撑物的床上、炕上；

——周围无支撑物的地板上；

——外墙边、窗户旁。

72

问：怎样粗略判断地震的远近与强弱?

答：地震时，震中区的人们感到先颠后晃，随着震中距离的加大，颠与晃的时间差会逐渐加长，颠与晃的强度会逐渐减弱；在一定范围以外，人们就感觉不到颠动，而只是感到晃动了。

因此，如果地震时你感到颠动很轻，或者没有感到颠动，只感到晃动，说明这个地震离你比较远；颠动和晃动都不太强时，说明这个地震不很大。在这两种情况下，你大可不必惊慌失措，只须躲在室内有利避震的地方暂避即可。此时如果跑出，反倒有可能被一些飞来的瓦片等砸伤。

73

问：震时是跑是躲？

答：目前多数专家认为：震时就近躲避，震后迅速撤离到安全的地方，是应急避震较好的办法。这是因为，震时预警时间很短，人又往往无法自主行动，再加之门窗变形等，从室内跑出十分困难；如果是在高楼里，跑出来更是不太可能的。如果在平房里，发现预警现象早，而室外比较空旷，则可力争跑出避震。

74

问：地震震感识别方法是什么？

答：一般震感

相当于烈度Ⅲ、Ⅳ度。主要特征是：室内人员有感觉；门窗作响，悬挂物摆动，器皿作响。

强烈震感

相当于烈度Ⅴ、Ⅵ、Ⅶ度。主要特征是：室内人员感觉剧烈的晃动，站立不稳，梦中惊醒；门窗、屋顶、屋架颤动作响；家具和物品移动，物品从架子上掉落。

特强震感

相当于烈度Ⅷ度以上。主要特征是：感觉到摇摆颠簸，行走困难，行动的人会摔倒，处于不稳状态的人会摔离原地，有抛起感；有时还会发生难以想象的现象，如强烈的地声、怪异的地光、难闻的地气等。

75

问：在平房中感觉到地震应该怎样做？

答：有条件时尽快跑到室外避震

如果屋外场地开阔，发现预警现象早，可尽快跑到室外避震。

室内避震较安全的地点

——炕沿下或低矮、坚固的家具边；

——坚固的桌子下（旁）或床下（旁）。

震时不可取的行为

——滞留在床（炕）上；

——躲在房梁下；

——躲在窗户边；

——破窗而逃（以免被玻璃扎伤或摔伤）。

76

问：在楼房中感觉到地震应该怎样做？

答：室内较安全的避震地点

——坚固的桌下或床下；

——低矮、坚固的家具边；

——开间小、有支撑物的房间，如卫生间；

——内承重墙墙角；

——震前准备的避震空间。

震时要注意

——千万不要滞留在床上；

——千万不能跳楼；

——不要到阳台上去；

——不要到外墙边或窗边去；

——不要乘电梯；如果震时在电梯里，应尽快离开；若门打不开要抱头蹲下，抓牢扶手。

77

问：在工作岗位上怎样避震？

答：——尽快躲在坚固的办公桌下或桌旁，震后迅速有序撤离；

——正在工作的工人应立即关闭机器，切断电源，迅速躲在安全处；

——火车司机要采取紧急制动措施，稳缓地逐渐刹车；

——特殊工作部门（如电厂、煤气厂、核电站等），应按地震应急预案的规定行动。

78

问：在公共场所怎样避震？

答：——在影剧院、体育场馆，观众可趴在座椅旁、舞台脚下，震后在工作人员组织下有秩序地疏散。

——正在上课的学生，应迅速在课桌下躲避，双手抓紧桌腿，主震后在教师指挥下迅速撤离教室，就近在开阔地带避震。

——在商场、饭店等处，要选择结实的柜台或柱子边、内墙角等处就地蹲下，避开玻璃门窗、橱窗和柜台；避开高大不稳和摆放重物、易碎品的货架；避开广告牌、吊灯等高耸物或悬挂物。

——避震时用双手、书包或其他物品保护头部。

——如在人流多的场所，震后疏散要听从现场工作人员的指挥，不要慌乱拥挤，尽量避开人流；如被挤入人流，要防止摔倒；双手交叉在胸前保护自己，用肩和背承受外部压力；解开领扣，保持呼吸畅通。

79

问：在户外怎样避震？

答：避开高大建筑物或构筑物

——楼房，特别是有玻璃幕墙的建筑；

——过街桥、立交桥；

——高烟囱、水塔等。

避开危险物、高耸或悬挂物

——变压器、电线杆、路灯等；

——广告牌、吊车等；

——砖瓦、木料等物的堆放处。

避开其他危险场所

——狭窄的街道；

——危旧房屋、危墙；

——女儿墙、高门脸、雨棚；

——危险品如易燃、易爆品仓库等。

80

问：在野外怎样避震？

答：避开山边的危险环境

——不要在山脚下、陡崖边停留；

——遇到山崩、滑坡，要向垂直于滚石前进的方向跑，切不可顺着滚石方向往山下跑；

——也可躲在结实的障碍物下，或蹲在沟坎下；要特别注意保护好头部。

避开水边的危险环境

——不要停留在河边、湖边、海边，以防河岸坍塌而落水，或上游水库坍塌下游涨水，或出现海啸；

——不要停留在水坝、堤坝上，以防垮坝或发生洪水；

——不要停留在桥面或桥下，以防桥梁坍塌时受伤。

81

问：驾驶汽车时怎样避震？

答：在确保安全的情况下，尽快靠边停车，留在车内。

不要把车停在建筑物下、大树旁、立交桥或者电线电缆下。

不要试图开车穿越已经损坏的桥梁。

地震停止后开车小心前进，注意道路和桥梁的损坏情况。

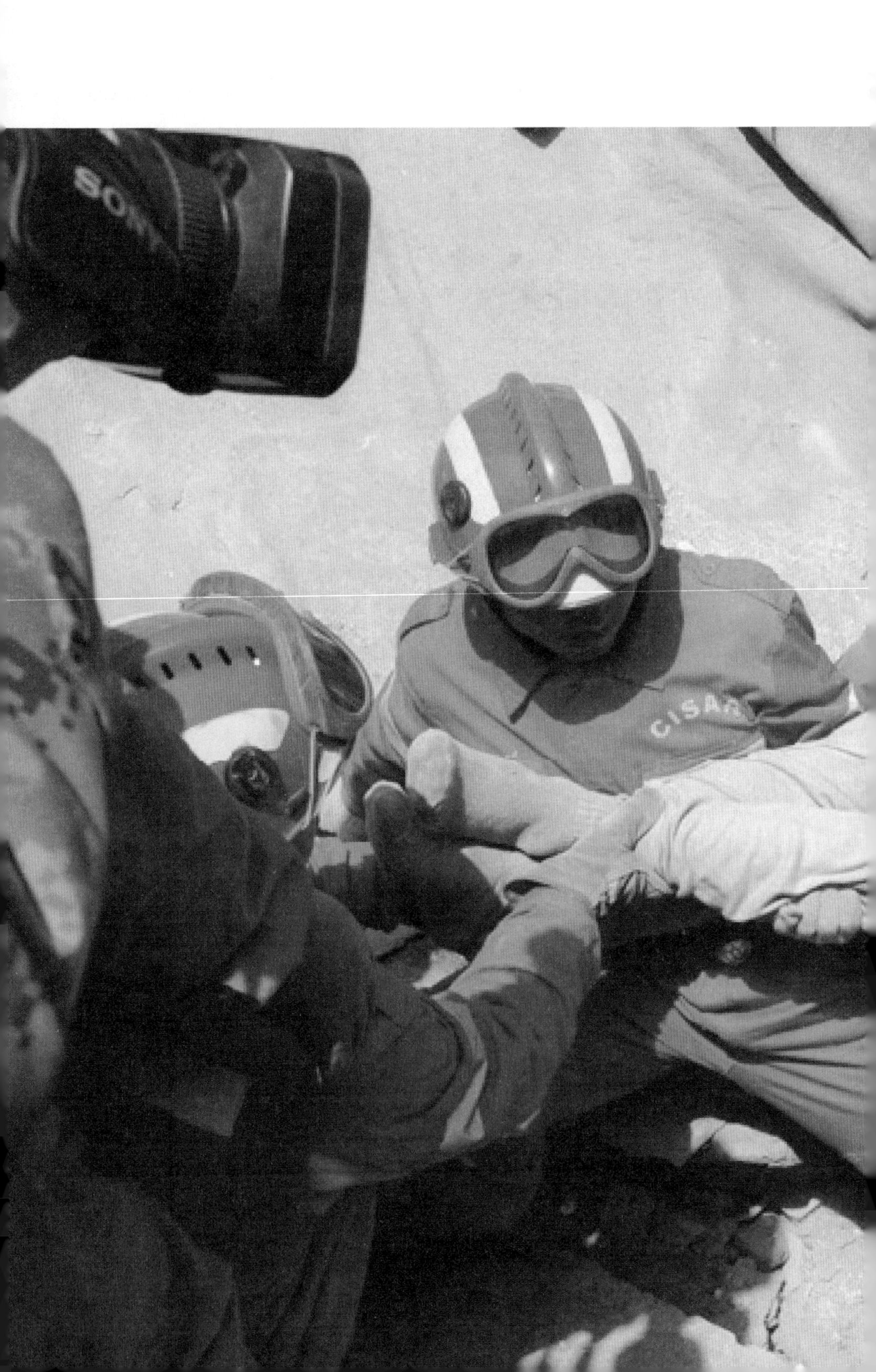
CISAR

第五章　震时的自救与互救

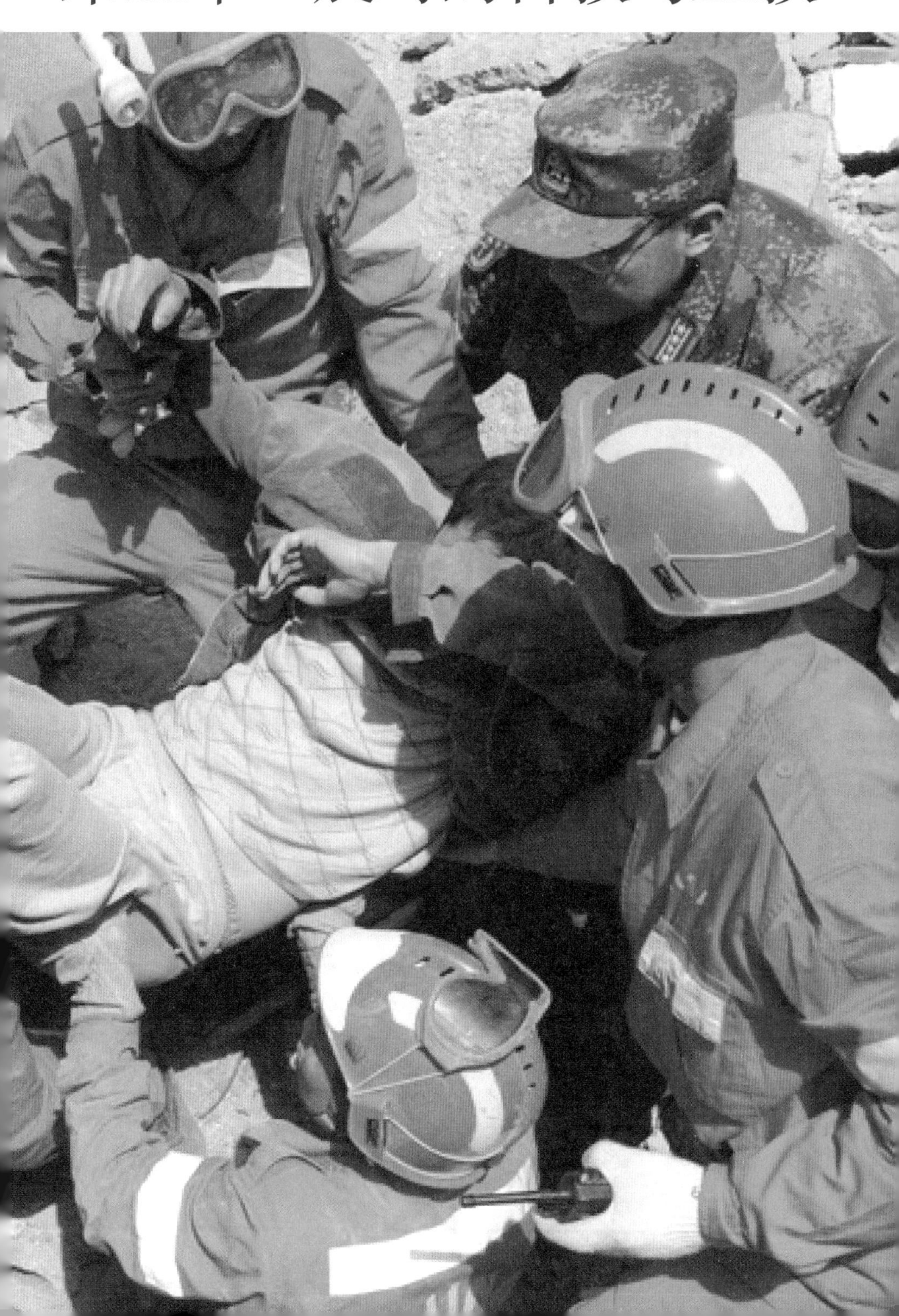

82

问：为什么震灾来临时自救互救至关重要？

答：时间就是生命，多次强烈地震的救灾过程表明，灾民的自救互救能最大限度地赢得时间，挽救生命。例如，1976 年唐山 7.8 级地震后，唐山市区（不包括郊区和矿区）的 70 多万人中，约 80%—90% 即 60 多万人被困在倒塌的房屋内。而通过市区居民和当地驻军的努力，80% 以上的被埋压者获救。灾民的自救与互救使数以十万计的人死里逃生，大大降低了伤亡率。

83

问：被困在室内如何保护自己？

答：震后余震不断发生，被困者的环境可能进一步恶化，等待救援要有一定时间，因此，被困者要尽量保护自己。

①沉住气，树立生存的信心，相信一定会有人来救助。

②保持呼吸畅通，尽量挪开脸前、胸前的杂物，清除口、鼻附近的灰土。

③设法避开身体上方不结实的倒塌物、悬挂物。

④闻到煤气及有毒异味或灰尘太大时，设法用湿衣物捂住口、鼻。

⑤搬开身边可移动的杂物，扩大生存空间。

⑥设法用砖石、木棍等支撑残垣断壁，以防余震时进一步被埋压。

84

问：在废墟内如何保护自己？

答：保存体力。不要大声哭喊，不要勉强行动。

不要使用火柴及打火机。

不要向周围移动，避免扬起灰尘。

用手帕或布遮住口部。

敲击管道或墙壁以便让救援人员发现。可能的话，请使用哨子。在其他方式不奏效的情况下再选择呼喊，因为喊叫可能使人吸入大量有害灰尘。

85

问：遇到地震引发的火灾怎么办？

答：——趴在地上，用湿毛巾捂住口、鼻；

——地震停止后向安全地方转移，必要时须匍匐前行；

——设法隔断火源。

86

问：遇到地震引发的水灾怎么办？

答：——如果江河湖海涨水，要向高处跑；

——迅速离开桥面。

87

问：遇到地震引发的有毒气体泄漏怎么办？

答：——遇到化工厂等着火，并有毒气泄漏，不要朝顺风的方向跑，要尽量绕到上风方向去；
——用湿毛巾捂住口、鼻；
——不要使用明火。

88

问：地震停止后救人的原则是什么？

答：①先救近处的人。不论是家人、邻居，还是萍水相逢的路人，只要近处有人被埋压就要先救他们。相反，舍近求远，往往会错过救人良机，造成不应有的伤亡。

②先救容易救的人。这样可加快救人速度，尽快扩大救人队伍。

③先救青壮年。这样可使他们迅速在救灾中发挥作用。

④先救“生”，后救“人”。唐山地震中，有一个农村妇女，她为了使更多的人获救，采取了这样的做法：每救一个人，只把其头部露出，使之可以呼吸，然后马上去救别人；结果她一人在很短时间内救出了几十人。

89

问：震后在专业搜救人员没有到达灾害现场时，如何寻找被埋压人员？

答：①先仔细倾听有无呼救信号，也可用喊话、敲击等方法询问埋压物中是否有待救者。

②如果听不到声音，可请家属或邻居提供情况。

③根据现场情况，分析被埋压人员可能的位置。

90

问：扒挖被埋压人员时如何保证其安全？

答：①使用工具扒挖埋压物，当接近被埋人员时，不可用利器刨挖。

②要特别注意不可破坏原有的支撑条件，以免对埋压者造成新的伤害。

③扒挖过程中应尽早使封闭空间与外界沟通，以便新鲜空气注入。

④扒挖过程中灰尘太大时，可喷水降尘，以免被救者和救人者窒息。

⑤扒挖过程中可先将水、食品或药物等递给被埋压者使用，以增强其生命力。

⑥施救时尽量先将被埋压者头部暴露出来，清除其口、鼻内的尘土，再使其胸腹和身体其他部分露出。

⑦对于不能自行出来者，应使其尽量暴露全身再抬救出来，不可强拉硬拽。

91

问：如何救助和护送伤员？

答：①首先要仔细观察和询问伤员的伤情。

②对于颈、腰部疼痛的伤员特别要注意让他平卧，并尽量躺在硬板上；搬运时保证其头颅、颈部和躯体处于水平位置，以免造成脊髓损伤。

③昏迷的伤员要平卧，且将其头部后仰、偏向一侧，及时清理口腔的分泌物，防止其呼吸道堵塞。

④给伤员喝水时，一定要先从少量开始，以免大量饮水造成急性胃扩张，导致严重后果。

⑤可用衣被、绳索、门板、木棍等组合成简易担架搬运伤员。

92

问：被救出人员如果没有呼吸，我们应该做什么？

答：进行口对口人工呼吸。如有流血的外伤，应立即直接压迫伤处止血。不要移动重伤员，除非有伤情扩大的紧急危险。用毛毯包裹伤员，以保持体温。

93

问：震后露宿时应注意什么？

答：①避开危楼、高压线等危险物。

②选择干燥、避风、平坦的地方露宿；在山上露宿时，最好选择东南坡。

③尽量注意保暖，如果身体和地面仅隔着薄薄的塑料布和凉席，凉风与地表湿气向上蒸腾，常常会诱发疾病。

94

问：搭建震后临时居所要注意什么？

答：①场地要开阔。在农村要避开危崖、陡坎、河滩等地；在城市要避开危楼、烟囱、水塔、高压线等处。

②不要建在阻碍交通的道口，以确保道路畅通。

③在防震棚中要注意管好照明灯火、炉火和电源，留好防火道，以防火灾和煤气中毒。

④防震棚顶部不要压砖头、石头或其他重物，以免掉落砸伤人。

95

问：震后如何解决饮水问题？

答：强烈地震后，城市自来水系统遭到严重破坏，供水中断；乡镇水井井壁坍塌，井管断裂或错开、淤砂；地表水受粪便、污水以及腐烂尸体严重污染。由于供水困难，受害群众有时不得不饮用河水、塘水、沟水和游泳池水以及雨水。

在这种情况下，为了解决群众饮水问题，首先要将洁净的饮用水尽早运往灾区；同时，要在灾区寻找水源，并对当地水质进行检验，确定能否饮用；对暂不适饮用的水要进行净化处理，质量合格后才能让灾民饮用。可以饮用热水器里的水或融化的食用冰块水救急。

96

问：震后如何注意食品安全？

答：震后，不能食用下列食品：

①被污水浸泡过的食品（除了密封完好的罐头类食品外，都不能食用）。

②死亡的畜禽、水产品。

③压在地下已腐烂的蔬菜、水果。

④来源不明、无明确食品标志的食品。

⑤严重发霉（发霉率在30%以上）的大米、小麦、玉米、花生等。

⑥不能辨认的蘑菇及其他霉变食品。

⑦加工后常温下放置4小时以上的熟食等。

97

问：震后如何检查家中燃气管道？

答：震后要检查燃气管道是否漏气。如果闻到煤气味儿，或看到管道破裂，要关掉从外面通进屋的煤气管道的主阀门。谨记：在燃气闸关闭后，必须由专业人员重新打开。不要点燃火柴来寻找燃气泄漏处。

98

问：如果不能与家人同时撤离应做什么？

答：留下字迹清晰的消息，说明在哪里可以找到自己。拿上备用的地震应急包。写下重新会合的地点，以免在疏散过程中与家人失散。会合的地点可以是邻居家、朋友家或亲戚家，也可以是学校或社区中心。

99

问：震后为什么要大力杀灭蚊蝇？

答：震后，由于厕所、粪池被震坏，下水管道断裂，污水溢出以及尸体腐烂，加之卫生防疫管理工作可能一时瘫痪，会形成大量蚊蝇孳生地，极易在短时间内繁殖大批蚊蝇，造成疫病流行。因此，必须采取一切有效措施，大力杀灭蚊蝇。

100

问：怎样预防地震火灾？

答：①存放易燃易爆物品，应与灾民居住区保持一定的安全距离。

②加强对易燃易爆物品的管理。凡性质互相抵触的易燃易爆物品，都要分别贮存；放在架子上的易燃易爆物品，应将容器和架子固定，以防余震发生时倾倒。

③防震棚尤其要注意防火。不要随便吸烟、乱扔烟头；尽量不用油灯、蜡烛照明，若实在需用，应放在盛有沙土的盆内或桶内。

④人员密集区要留出消防通道,并尽量解决消防水源问题。

⑤为了不使火灾酿成大祸，左邻右舍之间要互相帮助，力求尽快扑灭早期火灾。

附录：

中华人民共和国
防震减灾法

1997 年 12 月 29 日，第八届全国人民代表大会常务委员会第二十九次会议通过，自 1998 年 3 月 1 日起施行。

2008 年 12 月 27 日，《中华人民共和国防震减灾法》由中华人民共和国第十一届全国人民代表大会常务委员会第六次会议修订通过，现将修订后的《中华人民共和国防震减灾法》公布，自 2009 年 5 月 1 日起施行。

中华人民共和国防震减灾法

目录

第一章 总 则

第一条 为了防御和减轻地震灾害，保护人民生命和财产安全，促进经济社会的可持续发展，制定本法。

第二条 在中华人民共和国领域和中华人民共和国管辖的其他海域从事地震监测预报、地震灾害预防、地震应急救援、地震灾后过渡性安置和恢复重建等防震减灾活动，适用本法。

第三条 防震减灾工作，实行预防为主、防御与救助相结合的方针。

第四条 县级以上人民政府应当加强对防震减灾工作的领导，将防震减灾工作纳入本级国民经济和社会发展规划，所需经费列入财政预算。

第五条 在国务院的领导下，国务院地震工作主管部门和国务院经济综合宏观调控、建设、民政、卫生、公安以及其他有关部门，按照职责分工，各负其责，密切配合，共同做好防震减灾工作。

县级以上地方人民政府负责管理地震工作的部门或者机构和其他有关部门在本级人民政府领导下，按照职责分工，各负其责，密切配合，共同做好本行政区域的防震减灾工作。

第六条　国务院抗震救灾指挥机构负责统一领导、指挥和协调全国抗震救灾工作。县级以上地方人民政府抗震救灾指挥机构负责统一领导、指挥和协调本行政区域的抗震救灾工作。

国务院地震工作主管部门和县级以上地方人民政府负责管理地震工作的部门或者机构，承担本级人民政府抗震救灾指挥机构的日常工作。

第七条　各级人民政府应当组织开展防震减灾知识的宣传教育，增强公民的防震减灾意识，提高全社会的防震减灾能力。

第八条　任何单位和个人都有依法参加防震减灾活动的义务。

国家鼓励、引导社会组织和个人开展地震群测群防活动，对地震进行监测和预防。

国家鼓励、引导志愿者参加防震减灾活动。

第九条　中国人民解放军、中国人民武装警察部队和民兵组织，依照本法以及其他有关法律、行政法规、军事法规的规定和国务院、中央军事委员会的命令，执行抗震救灾任务，保护人民生命和财产安全。

第十条　从事防震减灾活动，应当遵守国家有关防震减灾标准。

第十一条　国家鼓励、支持防震减灾的科学技术研究，逐步提高防震减灾科学技术研究经费投入，推广先进的科学研究成果，加强国际合作与交流，提高防震减灾工作水平。

对在防震减灾工作中做出突出贡献的单位和个人，按照国家有关规定给予表彰和奖励。

第二章 防震减灾规划

第十二条 国务院地震工作主管部门会同国务院有关部门组织编制国家防震减灾规划，报国务院批准后组织实施。

县级以上地方人民政府负责管理地震工作的部门或者机构会同同级有关部门，根据上一级防震减灾规划和本行政区域的实际情况，组织编制本行政区域的防震减灾规划，报本级人民政府批准后组织实施，并报上一级人民政府负责管理地震工作的部门或者机构备案。

第十三条 编制防震减灾规划，应当遵循统筹安排、突出重点、合理布局、全面预防的原则，以震情和震害预测结果为依据，并充分考虑人民生命和财产安全及经济社会发展、资源环境保护等需要。

县级以上地方人民政府有关部门应当根据编制防震减灾规划的需要，及时提供有关资料。

第十四条 防震减灾规划的内容应当包括：震情形势和防震减灾总体目标，地震监测台网建设布局，地震灾害预防措施，地震应急救援措施，以及防震减灾技术、信息、资金、物资等保障措施。

编制防震减灾规划，应当对地震重点监视防御区的地震监测台网建设、震情跟踪、地震灾害预防措施、地震应急准备、防震减灾知识宣传教育等作出具体安排。

第十五条 防震减灾规划报送审批前，组织编制机关应当征求有关部门、单位、专家和公众的意见。

防震减灾规划报送审批文件中应当附具意见采纳情况及理由。

第十六条 防震减灾规划一经批准公布，应当严格执行；因震情形势变化和经济社会发展的需要确需修改的，应当按照原审批程序报送审批。

第三章　地震监测预报

第十七条　国家加强地震监测预报工作，建立多学科地震监测系统，逐步提高地震监测预报水平。

第十八条　国家对地震监测台网实行统一规划，分级、分类管理。

国务院地震工作主管部门和县级以上地方人民政府负责管理地震工作的部门或者机构，按照国务院有关规定，制定地震监测台网规划。

全国地震监测台网由国家级地震监测台网、省级地震监测台网和市、县级地震监测台网组成，其建设资金和运行经费列入财政预算。

第十九条　水库、油田、核电站等重大建设工程的建设单位，应当按照国务院有关规定，建设专用地震监测台网或者强震动监测设施，其建设资金和运行经费由建设单位承担。

第二十条　地震监测台网的建设，应当遵守法律、法规和国家有关标准，保证建设质量。

第二十一条　地震监测台网不得擅自中止或者终止运行。

检测、传递、分析、处理、存贮、报送地震监测信息的单位，应当保证地震监测信息的质量和安全。

县级以上地方人民政府应当组织相关单位为地震监测台网的运行提供通信、交通、电力等保障条件。

第二十二条　沿海县级以上地方人民政府负责管理地震工作的部门或者机构，应当加强海域地震活动监测预测工作。海域地震发生后，县级以上地方人民政府负责管理地震工作的部门或者机构，应当及时向海洋主管部门和当地海事管理机构等通报情况。

火山所在地的县级以上地方人民政府负责管理地震工作的部门或者机构，应当利用地震监测设施和技术手段，加强火山活动监测预测工作。

第二十三条　国家依法保护地震监测设施和地震观测环境。

任何单位和个人不得侵占、毁损、拆除或者擅自移动地震监测设施。地震监测设施遭到破坏的，县级以上地方人民政府负责管理地震工作的部门或者机构应当采取紧急措施组织修复，确保地震监测设施正常运行。

任何单位和个人不得危害地震观测环境。国务院地震工作主管部门和县级以上地方人民政府负责管理地震工作的部门或者机构会同同级有关部门，按照国务院有关规定划定地震观测环境保护范围，并纳入土地利用总体规划和城乡规划。

第二十四条 新建、扩建、改建建设工程，应当避免对地震监测设施和地震观测环境造成危害。建设国家重点工程，确实无法避免对地震监测设施和地震观测环境造成危害的，建设单位应当按照县级以上地方人民政府负责管理地震工作的部门或者机构的要求，增建抗干扰设施；不能增建抗干扰设施的，应当新建地震监测设施。

对地震观测环境保护范围内的建设工程项目，城乡规划主管部门在依法核发选址意见书时，应当征求负责管理地震工作的部门或者机构的意见；不需要核发选址意见书的，城乡规划主管部门在依法核发建设用地规划许可证或者乡村建设规划许可证时，应当征求负责管理地震工作的部门或者机构的意见。

第二十五条 国务院地震工作主管部门建立健全地震监测信息共享平台，为社会提供服务。

县级以上地方人民政府负责管理地震工作的部门或者机构，应当将地震监测信息及时报送上一级人民政府负责管理地震工作的部门或者机构。

专用地震监测台网和强震动监测设施的管理单位，应当将地震监测信息及时报送所在地省、自治区、直辖市人民政府负责管理地震工作的部门或者机构。

第二十六条 国务院地震工作主管部门和县级以上地方人民政府负责管理地震工作的部门或者机构，根据地震监测信息研究结果，对可能发生地震的地点、时间和震级作出预测。

其他单位和个人通过研究提出的地震预测意见，应当向所在地或者所预测地的县级以上地方人民政府负责管理地震工作的部门或者机构书面报告，或者直接向国务院地震工作主管部门书面报告。收到书面报告的部门或者机构应当进行登记并出具接收凭证。

第二十七条　观测到可能与地震有关的异常现象的单位和个人，可以向所在地县级以上地方人民政府负责管理地震工作的部门或者机构报告，也可以直接向国务院地震工作主管部门报告。

国务院地震工作主管部门和县级以上地方人民政府负责管理地震工作的部门或者机构接到报告后，应当进行登记并及时组织调查核实。

第二十八条　国务院地震工作主管部门和省、自治区、直辖市人民政府负责管理地震工作的部门或者机构，应当组织召开震情会商会，必要时邀请有关部门、专家和其他有关人员参加，对地震预测意见和可能与地震有关的异常现象进行综合分析研究，形成震情会商意见，报本级人民政府；经震情会商形成地震预报意见的，在报本级人民政府前，应当进行评审，作出评审结果，并提出对策建议。

第二十九条　国家对地震预报意见实行统一发布制度。

全国范围内的地震长期和中期预报意见，由国务院发布。省、自治区、直辖市行政区域内的地震预报意见，由省、自治区、直辖市人民政府按照国务院规定的程序发布。

除发表本人或者本单位对长期、中期地震活动趋势的研究成果及进行相关学术交流外，任何单位和个人不得向社会散布地震预测意见。任何单位和个人不得向社会散布地震预报意见及其评审结果。

第三十条　国务院地震工作主管部门根据地震活动趋势和震害预测结果，提出确定地震重点监视防御区的意见，报国务院批准。

国务院地震工作主管部门应当加强地震重点监视防御区的震情跟踪，对地震活动趋势进行分析评估，提出年度防震减灾工作意见，报国务院批准后实施。

地震重点监视防御区的县级以上地方人民政府应当根

据年度防震减灾工作意见和当地的地震活动趋势，组织有关部门加强防震减灾工作。

地震重点监视防御区的县级以上地方人民政府负责管理地震工作的部门或者机构，应当增加地震监测台网密度，组织做好震情跟踪、流动观测和可能与地震有关的异常现象观测以及群测群防工作，并及时将有关情况报上一级人民政府负责管理地震工作的部门或者机构。

第三十一条 国家支持全国地震烈度速报系统的建设。

地震灾害发生后，国务院地震工作主管部门应当通过全国地震烈度速报系统快速判断致灾程度，为指挥抗震救灾工作提供依据。

第三十二条 国务院地震工作主管部门和县级以上地方人民政府负责管理地震工作的部门或者机构，应当对发生地震灾害的区域加强地震监测，在地震现场设立流动观测点，根据震情的发展变化，及时对地震活动趋势作出分析、判定，为余震防范工作提供依据。

国务院地震工作主管部门和县级以上地方人民政府负责管理地震工作的部门或者机构、地震监测台网的管理单位，应当及时收集、保存有关地震的资料和信息，并建立完整的档案。

第三十三条 外国的组织或者个人在中华人民共和国领域和中华人民共和国管辖的其他海域从事地震监测活动，必须经国务院地震工作主管部门会同有关部门批准，并采取与中华人民共和国有关部门或者单位合作的形式进行。

第四章 地震灾害预防

第三十四条 国务院地震工作主管部门负责制定全国地震烈度区划图或者地震动参数区划图。

国务院地震工作主管部门和省、自治区、直辖市人民政府负责管理地震工作的部门或者机构，负责审定建设工程的地震安全性评价报告，确定抗震设防要求。

第三十五条　新建、扩建、改建建设工程，应当达到抗震设防要求。

重大建设工程和可能发生严重次生灾害的建设工程，应当按照国务院有关规定进行地震安全性评价，并按照经审定的地震安全性评价报告所确定的抗震设防要求进行抗震设防。建设工程的地震安全性评价单位应当按照国家有关标准进行地震安全性评价，并对地震安全性评价报告的质量负责。

前款规定以外的建设工程，应当按照地震烈度区划图或者地震动参数区划图所确定的抗震设防要求进行抗震设防；对学校、医院等人员密集场所的建设工程，应当按照高于当地房屋建筑的抗震设防要求进行设计和施工，采取有效措施，增强抗震设防能力。

第三十六条　有关建设工程的强制性标准，应当与抗震设防要求相衔接。

第三十七条　国家鼓励城市人民政府组织制定地震小区划图。地震小区划图由国务院地震工作主管部门负责审定。

第三十八条　建设单位对建设工程的抗震设计、施工的全过程负责。

设计单位应当按照抗震设防要求和工程建设强制性标准进行抗震设计，并对抗震设计的质量以及出具的施工图设计文件的准确性负责。

施工单位应当按照施工图设计文件和工程建设强制性标准进行施工，并对施工质量负责。

建设单位、施工单位应当选用符合施工图设计文件和国家有关标准规定的材料、构配件和设备。

工程监理单位应当按照施工图设计文件和工程建设强制性标准实施监理，并对施工质量承担监理责任。

第三十九条　已经建成的下列建设工程，未采取抗震设防措施或者抗震设防措施未达到抗震设防要求的，应当按照国家有关规定进行抗震性能鉴定，并采取必要的抗震加固措施：

（一）重大建设工程；

（二）可能发生严重次生灾害的建设工程；

（三）具有重大历史、科学、艺术价值或者重要纪念意义的建设工程；

（四）学校、医院等人员密集场所的建设工程；

（五）地震重点监视防御区内的建设工程。

第四十条 县级以上地方人民政府应当加强对农村村民住宅和乡村公共设施抗震设防的管理，组织开展农村实用抗震技术的研究和开发，推广达到抗震设防要求、经济适用、具有当地特色的建筑设计和施工技术，培训相关技术人员，建设示范工程，逐步提高农村村民住宅和乡村公共设施的抗震设防水平。

国家对需要抗震设防的农村村民住宅和乡村公共设施给予必要支持。

第四十一条 城乡规划应当根据地震应急避难的需要，合理确定应急疏散通道和应急避难场所，统筹安排地震应急避难所必需的交通、供水、供电、排污等基础设施建设。

第四十二条 地震重点监视防御区的县级以上地方人民政府应当根据实际需要，在本级财政预算和物资储备中安排抗震救灾资金、物资。

第四十三条 国家鼓励、支持研究开发和推广使用符合抗震设防要求、经济实用的新技术、新工艺、新材料。

第四十四条 县级人民政府及其有关部门和乡、镇人民政府、城市街道办事处等基层组织，应当组织开展地震应急知识的宣传普及活动和必要的地震应急救援演练，提高公民在地震灾害中自救互救的能力。

机关、团体、企业、事业等单位，应当按照所在地人民政府的要求，结合各自实际情况，加强对本单位人员的地震应急知识宣传教育，开展地震应急救援演练。

学校应当进行地震应急知识教育，组织开展必要的地震应急救援演练，培养学生的安全意识和自救互救能力。

新闻媒体应当开展地震灾害预防和应急、自救互救知识的公益宣传。

国务院地震工作主管部门和县级以上地方人民政府负责

管理地震工作的部门或者机构，应当指导、协助、督促有关单位做好防震减灾知识的宣传教育和地震应急救援演练等工作。

第四十五条　国家发展有财政支持的地震灾害保险事业，鼓励单位和个人参加地震灾害保险。

第五章　地震应急救援

第四十六条　国务院地震工作主管部门会同国务院有关部门制定国家地震应急预案，报国务院批准。国务院有关部门根据国家地震应急预案，制定本部门的地震应急预案，报国务院地震工作主管部门备案。

县级以上地方人民政府及其有关部门和乡、镇人民政府，应当根据有关法律、法规、规章、上级人民政府及其有关部门的地震应急预案和本行政区域的实际情况，制定本行政区域的地震应急预案和本部门的地震应急预案。省、自治区、直辖市和较大的市的地震应急预案，应当报国务院地震工作主管部门备案。

交通、铁路、水利、电力、通信等基础设施和学校、医院等人员密集场所的经营管理单位，以及可能发生次生灾害的核电、矿山、危险物品等生产经营单位，应当制定地震应急预案，并报所在地的县级人民政府负责管理地震工作的部门或者机构备案。

第四十七条　地震应急预案的内容应当包括：组织指挥体系及其职责，预防和预警机制，处置程序，应急响应和应急保障措施等。

地震应急预案应当根据实际情况适时修订。

第四十八条　地震预报意见发布后，有关省、自治区、直辖市人民政府根据预报的震情可以宣布有关区域进入临震应急期；有关地方人民政府应当按照地震应急预案，组织有关部门做好应急防范和抗震救灾准备工作。

第四十九条　按照社会危害程度、影响范围等因素，地震灾害分为一般、较大、重大和特别重大四级。具体分级标准按照国务院规定执行。

一般或者较大地震灾害发生后，地震发生地的市、县人民政府负责组织有关部门启动地震应急预案；重大地震灾害发生后，地震发生地的省、自治区、直辖市人民政府负责组织有关部门启动地震应急预案；特别重大地震灾害发生后，国务院负责组织有关部门启动地震应急预案。

第五十条 地震灾害发生后，抗震救灾指挥机构应当立即组织有关部门和单位迅速查清受灾情况，提出地震应急救援力量的配置方案，并采取以下紧急措施：

（一）迅速组织抢救被压埋人员，并组织有关单位和人员开展自救互救；

（二）迅速组织实施紧急医疗救护，协调伤员转移和接收与救治；

（三）迅速组织抢修毁损的交通、铁路、水利、电力、通信等基础设施；

（四）启用应急避难场所或者设置临时避难场所，设置救济物资供应点，提供救济物品、简易住所和临时住所，及时转移和安置受灾群众，确保饮用水消毒和水质安全，积极开展卫生防疫，妥善安排受灾群众生活；

（五）迅速控制危险源，封锁危险场所，做好次生灾害的排查与监测预警工作，防范地震可能引发的火灾、水灾、爆炸、山体滑坡和崩塌、泥石流、地面塌陷，或者剧毒、强腐蚀性、放射性物质大量泄漏等次生灾害以及传染病疫情的发生；

（六）依法采取维持社会秩序、维护社会治安的必要措施。

第五十一条 特别重大地震灾害发生后，国务院抗震救灾指挥机构在地震灾区成立现场指挥机构，并根据需要设立相应的工作组，统一组织领导、指挥和协调抗震救灾工作。

各级人民政府及有关部门和单位、中国人民解放军、中国人民武装警察部队和民兵组织，应当按照统一部署，分工负责，密切配合，共同做好地震应急救援工作。

第五十二条　地震灾区的县级以上地方人民政府应当及时将地震震情和灾情等信息向上一级人民政府报告，必要时可以越级上报，不得迟报、谎报、瞒报。

地震震情、灾情和抗震救灾等信息按照国务院有关规定实行归口管理，统一、准确、及时发布。

第五十三条　国家鼓励、扶持地震应急救援新技术和装备的研究开发，调运和储备必要的应急救援设施、装备，提高应急救援水平。

第五十四条　国务院建立国家地震灾害紧急救援队伍。

省、自治区、直辖市人民政府和地震重点监视防御区的市、县人民政府可以根据实际需要，充分利用消防等现有队伍，按照一队多用、专职与兼职相结合的原则，建立地震灾害紧急救援队伍。

地震灾害紧急救援队伍应当配备相应的装备、器材，开展培训和演练，提高地震灾害紧急救援能力。

地震灾害紧急救援队伍在实施救援时，应当首先对倒塌建筑物、构筑物压埋人员进行紧急救援。

第五十五条　县级以上人民政府有关部门应当按照职责分工，协调配合，采取有效措施，保障地震灾害紧急救援队伍和医疗救治队伍快速、高效地开展地震灾害紧急救援活动。

第五十六条　县级以上地方人民政府及其有关部门可以建立地震灾害救援志愿者队伍，并组织开展地震应急救援知识培训和演练，使志愿者掌握必要的地震应急救援技能，增强地震灾害应急救援能力。

第五十七条　国务院地震工作主管部门会同有关部门和单位，组织协调外国救援队和医疗队在中华人民共和国开展地震灾害紧急救援活动。

国务院抗震救灾指挥机构负责外国救援队和医疗队的统筹调度，并根据其专业特长，科学、合理地安排紧急救援任务。

地震灾区的地方各级人民政府，应当对外国救援队和医疗队开展紧急救援活动予以支持和配合。

第六章　地震灾后过渡性安置和恢复重建

第五十八条　国务院或者地震灾区的省、自治区、直辖市人民政府应当及时组织对地震灾害损失进行调查评估，为地震应急救援、灾后过渡性安置和恢复重建提供依据。

地震灾害损失调查评估的具体工作，由国务院地震工作主管部门或者地震灾区的省、自治区、直辖市人民政府负责管理地震工作的部门或者机构和财政、建设、民政等有关部门按照国务院的规定承担。

第五十九条　地震灾区受灾群众需要过渡性安置的，应当根据地震灾区的实际情况，在确保安全的前提下，采取灵活多样的方式进行安置。

第六十条　过渡性安置点应当设置在交通条件便利、方便受灾群众恢复生产和生活的区域，并避开地震活动断层和可能发生严重次生灾害的区域。

过渡性安置点的规模应当适度，并采取相应的防灾、防疫措施，配套建设必要的基础设施和公共服务设施，确保受灾群众的安全和基本生活需要。

第六十一条　实施过渡性安置应当尽量保护农用地，并避免对自然保护区、饮用水水源保护区以及生态脆弱区域造成破坏。

过渡性安置用地按照临时用地安排，可以先行使用，事后依法办理有关用地手续；到期未转为永久性用地的，应当复垦后交还原土地使用者。

第六十二条　过渡性安置点所在地的县级人民政府，应当组织有关部门加强对次生灾害、饮用水水质、食品卫生、疫情等的监测，开展流行病学调查，整治环境卫生，避免对土壤、水环境等造成污染。

过渡性安置点所在地的公安机关，应当加强治安管理，依法打击各种违法犯罪行为，维护正常的社会秩序。

第六十三条　地震灾区的县级以上地方人民政府及其有关部门和乡、镇人民政府，应当及时组织修复毁损的农业生产设施，提供农业生产技术指导，尽快恢复农业生产；优先恢复供电、供水、供气等企业的生产，并对大型骨干企业恢复生产提供支持，为全面恢复农业、工业、服务业生产经营提供条件。

第六十四条　各级人民政府应当加强对地震灾后恢复重建工作的领导、组织和协调。

县级以上人民政府有关部门应当在本级人民政府领导下，按照职责分工，密切配合，采取有效措施，共同做好地震灾后恢复重建工作。

第六十五条　国务院有关部门应当组织有关专家开展地震活动对相关建设工程破坏机理的调查评估，为修订完善有关建设工程的强制性标准、采取抗震设防措施提供科学依据。

第六十六条　特别重大地震灾害发生后，国务院经济综合宏观调控部门会同国务院有关部门与地震灾区的省、自治区、直辖市人民政府共同组织编制地震灾后恢复重建规划，报国务院批准后组织实施；重大、较大、一般地震灾害发生后，由地震灾区的省、自治区、直辖市人民政府根据实际需要组织编制地震灾后恢复重建规划。

地震灾害损失调查评估获得的地质、勘察、测绘、土地、气象、水文、环境等基础资料和经国务院地震工作主管部门复核的地震动参数区划图，应当作为编制地震灾后恢复重建规划的依据。

编制地震灾后恢复重建规划，应当征求有关部门、单位、专家和公众特别是地震灾区受灾群众的意见；重大事项应当组织有关专家进行专题论证。

第六十七条　地震灾后恢复重建规划应当根据地质条件和地震活动断层分布以及资源环境承载能力，重点对城镇和乡村的布局、基础设施和公共服务设施的建设、防灾减灾和生态环境以及自然资源和历史文化遗产保护等作出安排。

地震灾区内需要异地新建的城镇和乡村的选址以及地震灾后重建工程的选址，应当符合地震灾后恢复重建规划和抗震设防、防灾减灾要求，避开地震活动断层或者生态脆弱和可能发生洪水、山体滑坡和崩塌、泥石流、地面塌陷等灾害的区域以及传染病自然疫源地。

第六十八条　地震灾区的地方各级人民政府应当根据地震灾后恢复重建规划和当地经济社会发展水平，有计划、分步骤地组织实施地震灾后恢复重建。

第六十九条　地震灾区的县级以上地方人民政府应当组织有关部门和专家，根据地震灾害损失调查评估结果，制定清理保护方案，明确典型地震遗址、遗迹和文物保护单位以及具有历史价值与民族特色的建筑物、构筑物的保护范围和措施。

对地震灾害现场的清理，按照清理保护方案分区、分类进行，并依照法律、行政法规和国家有关规定，妥善清理、转运和处置有关放射性物质、危险废物和有毒化学品，开展防疫工作，防止传染病和重大动物疫情的发生。

第七十条　地震灾后恢复重建，应当统筹安排交通、铁路、水利、电力、通信、供水、供电等基础设施和市政公用设施，学校、医院、文化、商贸服务、防灾减灾、环境保护等公共服务设施，以及住房和无障碍设施的建设，合理确定建设规模和时序。

乡村的地震灾后恢复重建，应当尊重村民意愿，发挥村民自治组织的作用，以群众自建为主，政府补助、社会帮扶、对口支援，因地制宜，节约和集约利用土地，保护耕地。

少数民族聚居的地方的地震灾后恢复重建，应当尊重当地群众的意愿。

第七十一条　地震灾区的县级以上地方人民政府应当组织有关部门和单位，抢救、保护与收集整理有关档案、资料，对因地震灾害遗失、毁损的档案、资料，及时补充和恢复。

第七十二条　地震灾后恢复重建应当坚持政府主导、社会参与和市场运作相结合的原则。

地震灾区的地方各级人民政府应当组织受灾群众和企业开展生产自救，自力更生、艰苦奋斗、勤俭节约，尽快恢复生产。

国家对地震灾后恢复重建给予财政支持、税收优惠和金融扶持，并提供物资、技术和人力等支持。

第七十三条　地震灾区的地方各级人民政府应当组织做

好救助、救治、康复、补偿、抚慰、抚恤、安置、心理援助、法律服务、公共文化服务等工作。

各级人民政府及有关部门应当做好受灾群众的就业工作，鼓励企业、事业单位优先吸纳符合条件的受灾群众就业。

第七十四条　对地震灾后恢复重建中需要办理行政审批手续的事项，有审批权的人民政府及有关部门应当按照方便群众、简化手续、提高效率的原则，依法及时予以办理。

第七章　监督管理

第七十五条　县级以上人民政府依法加强对防震减灾规划和地震应急预案的编制与实施、地震应急避难场所的设置与管理、地震灾害紧急救援队伍的培训、防震减灾知识宣传教育和地震应急救援演练等工作的监督检查。

县级以上人民政府有关部门应当加强对地震应急救援、地震灾后过渡性安置和恢复重建的物资的质量安全的监督检查。

第七十六条　县级以上人民政府建设、交通、铁路、水利、电力、地震等有关部门应当按照职责分工，加强对工程建设强制性标准、抗震设防要求执行情况和地震安全性评价工作的监督检查。

第七十七条　禁止侵占、截留、挪用地震应急救援、地震灾后过渡性安置和恢复重建的资金、物资。

县级以上人民政府有关部门对地震应急救援、地震灾后过渡性安置和恢复重建的资金、物资以及社会捐赠款物的使用情况，依法加强管理和监督，予以公布，并对资金、物资的筹集、分配、拨付、使用情况登记造册，建立健全档案。

第七十八条　地震灾区的地方人民政府应当定期公布地震应急救援、地震灾后过渡性安置和恢复重建的资金、物资以及社会捐赠款物的来源、数量、发放和使用情况，接受社会监督。

第七十九条　审计机关应当加强对地震应急救援、地震灾后过渡性安置和恢复重建的资金、物资的筹集、分配、拨付、使用的审计，并及时公布审计结果。

第八十条 监察机关应当加强对参与防震减灾工作的国家行政机关和法律、法规授权的具有管理公共事务职能的组织及其工作人员的监察。

第八十一条 任何单位和个人对防震减灾活动中的违法行为，有权进行举报。

接到举报的人民政府或者有关部门应当进行调查，依法处理，并为举报人保密。

第八章 法律责任

第八十二条 国务院地震工作主管部门、县级以上地方人民政府负责管理地震工作的部门或者机构，以及其他依照本法规定行使监督管理权的部门，不依法作出行政许可或者办理批准文件的，发现违法行为或者接到对违法行为的举报后不予查处的，或者有其他未依照本法规定履行职责的行为的，对直接负责的主管人员和其他直接责任人员，依法给予处分。

第八十三条 未按照法律、法规和国家有关标准进行地震监测台网建设的，由国务院地震工作主管部门或者县级以上地方人民政府负责管理地震工作的部门或者机构责令改正，采取相应的补救措施；对直接负责的主管人员和其他直接责任人员，依法给予处分。

第八十四条 违反本法规定，有下列行为之一的，由国务院地震工作主管部门或者县级以上地方人民政府负责管理地震工作的部门或者机构责令停止违法行为，恢复原状或者采取其他补救措施；造成损失的，依法承担赔偿责任：

（一）侵占、毁损、拆除或者擅自移动地震监测设施的；

（二）危害地震观测环境的；

（三）破坏典型地震遗址、遗迹的。

单位有前款所列违法行为，情节严重的，处二万元以上二十万元以下的罚款；个人有前款所列违法行为，情节严重的，处二千元以下的罚款。构成违反治安管理行为的，由公安机关依法给予处罚。

第八十五条　违反本法规定，未按照要求增建抗干扰设施或者新建地震监测设施的，由国务院地震工作主管部门或者县级以上地方人民政府负责管理地震工作的部门或者机构责令限期改正；逾期不改正的，处二万元以上二十万元以下的罚款；造成损失的，依法承担赔偿责任。

第八十六条　违反本法规定，外国的组织或者个人未经批准，在中华人民共和国领域和中华人民共和国管辖的其他海域从事地震监测活动的，由国务院地震工作主管部门责令停止违法行为，没收监测成果和监测设施，并处一万元以上十万元以下的罚款；情节严重的，并处十万元以上五十万元以下的罚款。

外国人有前款规定行为的，除依照前款规定处罚外，还应当依照外国人入境出境管理法律的规定缩短其在中华人民共和国停留的期限或者取消其在中华人民共和国居留的资格；情节严重的，限期出境或者驱逐出境。

第八十七条　未依法进行地震安全性评价，或者未按照地震安全性评价报告所确定的抗震设防要求进行抗震设防的，由国务院地震工作主管部门或者县级以上地方人民政府负责管理地震工作的部门或者机构责令限期改正；逾期不改正的，处三万元以上三十万元以下的罚款。

第八十八条　违反本法规定，向社会散布地震预测意见、地震预报意见及其评审结果，或者在地震灾后过渡性安置、地震灾后恢复重建中扰乱社会秩序，构成违反治安管理行为的，由公安机关依法给予处罚。

第八十九条　地震灾区的县级以上地方人民政府迟报、谎报、瞒报地震震情、灾情等信息的，由上级人民政府责令改正；对直接负责的主管人员和其他直接责任人员，依法给予处分。

第九十条　侵占、截留、挪用地震应急救援、地震灾后过渡性安置或者地震灾后恢复重建的资金、物资的，由财政部门、审计机关在各自职责范围内，责令改正，追回被侵占、截留、挪用的资金、物资；有违法所得的，没收违法所得；对单位给予警告或者通报批评；对直接负责的主管人员和其他直接责任人员，依法给予处分。

第九十一条 违反本法规定，构成犯罪的，依法追究刑事责任。

第九章 附 则

第九十二条 本法下列用语的含义：

（一）地震监测设施，是指用于地震信息检测、传输和处理的设备、仪器和装置以及配套的监测场地。

（二）地震观测环境，是指按照国家有关标准划定的保障地震监测设施不受干扰、能够正常发挥工作效能的空间范围。

（三）重大建设工程，是指对社会有重大价值或者有重大影响的工程。

（四）可能发生严重次生灾害的建设工程，是指受地震破坏后可能引发水灾、火灾、爆炸，或者剧毒、强腐蚀性、放射性物质大量泄漏，以及其他严重次生灾害的建设工程，包括水库大坝和贮油、贮气设施，贮存易燃易爆或者剧毒、强腐蚀性、放射性物质的设施，以及其他可能发生严重次生灾害的建设工程。

（五）地震烈度区划图，是指以地震烈度（以等级表示的地震影响强弱程度）为指标，将全国划分为不同抗震设防要求区域的图件。

（六）地震动参数区划图，是指以地震动参数（以加速度表示地震作用强弱程度）为指标，将全国划分为不同抗震设防要求区域的图件。

（七）地震小区划图，是指根据某一区域的具体场地条件，对该区域的抗震设防要求进行详细划分的图件。

第九十三条 本法自 2009 年 5 月 1 日起施行。